三汊河河口闸运行仿真分析

杨建贵　杨明强　王　璐　蔡　荨 等著

中国矿业大学出版社

·徐州·

图书在版编目(C I P)数据

三汊河河口闸运行仿真分析/杨建贵等著. —徐州：
中国矿业大学出版社,2023.9

ISBN 978 - 7 - 5646 - 5951 - 6

Ⅰ．①三… Ⅱ．①杨… Ⅲ．①河口－水闸－运行－计
算机仿真－南京 Ⅳ．①TV66-39

中国国家版本馆 CIP 数据核字(2023)第 183797 号

书　　　名	三汊河河口闸运行仿真分析
著　　　者	杨建贵　杨明强　王　璐　蔡　荨　等
责任编辑	齐　畅
出版发行	中国矿业大学出版社有限责任公司
	（江苏省徐州市解放南路　邮编221008）
营销热线	(0516)83885370　83884103
出版服务	(0516)83885309　83884920
网　　　址	http://www.cumtp.com　E-mail:cumtpvip@cumtp.com
印　　　刷	徐州中矿大印发科技有限公司
开　　　本	787 mm×1092 mm　1/16　印张 14　字数 215 千字
版次印次	2023 年 9 月第 1 版　2023 年 9 月第 1 次印刷
定　　　价	48.00 元

（图书出现印装质量问题,本社负责调换）

《三汊河河口闸运行仿真分析》编委会

目　　录

目　录

1　南京市三汊河河口闸建设概况

1.1　工程由来

　　秦淮河是长江下游南岸的一条历史名河,有溧水河、句容河两源,干流长度约为 34.00 km,流域面积约为 2 631.00 km²,流经两市九区县。秦淮河南京市区段分为两支:一支由东水关闸入城,在铁窗棂、西水关处汇入秦淮河,习惯上称为内秦淮河;另一支由七桥瓮进入南京主城区,经武定门节制闸至三汊河河口入长江,习惯上称为外秦淮河。此外,在江宁东山与长江之间于 1981 年建成一条长约为 17.00 km 的人工河道,即秦淮新河,该河经西善桥到金胜村入江,河口设节制闸和抽水站,即秦淮新河水利枢纽。秦淮河与六朝古都南京的历史和文化发展、经济发展密不可分,两岸一直是南京城比较繁华的区域。

　　2000 年以前,由于诸多原因,秦淮河河道淤积、河道断面不足,沿河跨线桥闸阻水严重,造成行洪能力不足,给城市防洪和秦淮河上游地区的防洪增加了不小的压力;秦淮河干流及上游河道水质有不同程度的污染,局部河段污染比较严重,沿河居民的生活环境相当恶劣,南京城市形象受到影响。

当时秦淮河的状况与南京的城市发展已不相适应,整治秦淮河、改善两岸人民的生活环境,刻不容缓。2002 年,江苏省发展和改革委员会批复《南京市外秦淮河整治工程可行性研究报告》,江苏省政府正式立项同意对运粮河口至三汊河河口 15.60 km 外秦淮河进行全面整治,即按照水资源、水景观、水文化、水生态"四位一体"的要求,高标准地建设一条美丽的、洁净的、流动的秦淮河。

外秦淮河三汊河河口闸作为秦淮河环境整治的一部分,建成后将解决枯水期河水水位低的问题,抬高上游水位,改善城市水环境和城市形象;汛期来临则开闸放水,不影响秦淮河行洪。同时,建成的水闸将与外秦淮河整体景观协调一致,并与外秦淮河河口左岸渡江胜利纪念馆、右岸滨江风光带一同形成独特的景观,为南京增色、添彩。

1.2　工程概况^①

1.2.1　水文、气象

秦淮河流域多年平均降水量约为 1 038.0 mm,自北向南递增,全年降水天数为 110～130 天。最大年降水量为 2 015.50 mm(1991 年),最小年降水量为448.00 mm(1978 年),极值比达 4.50。汛期在每年的 5—9 月,平均降水量约为652.00 mm,占年平均降水量的 63%。全年常有 3 个明显的多雨期:4 月至 5 月上旬的春雨时节;6 月下旬至 7 月上旬的梅雨季节;9月常有台风影响,多秋雨。

秦淮河流域年平均蒸发量约为 1 021.00 mm,由北向南递增。6—9 月总蒸发量占年蒸发量的一半左右。年蒸发量略小于年降水量。蒸发量与降水量的对比表明,秦淮河流域处于湿润与干旱的过渡地区。

---

① 本书工程均指三汊河河口闸工程,为便于阅读,文中表述时简称"河口闸工程"或"工程"。

秦淮河与长江相通,长江南京河段受海洋潮汐影响,河口闸下游水位也受潮汐影响。潮型为半日潮,每日两高两低,每月农历初三与农历十八为潮日,年内 6—9 月为高潮期。南京下关水位站记录显示,中华人民共和国成立以来最低潮位为 1.58 m(1956 年),最高潮位为 10.39 m(2020 年)。

1.2.2 工程地质

闸址场地属长江河床漫滩,原始地面标高 5.00～6.00 m(吴淞高程,下同),地形起伏不大,比较平坦。钻探深度内场地地层主要为第四系松散堆积层,其下为风化砂岩。勘察范围内地基土层分为 5 层 12 个亚层[①],岩性特征如下。

①素填土:灰黄～灰色。湿～饱和。软塑～可塑。以粉质黏土为主,含少量碎砖、碎石。层厚为 0.80～9.00 m(设计书为 1.60～9.00 m,下同)。水平渗透系数为 54.14×10^{-6} cm/s,竖向渗透系数为 31.39×10^{-6} cm/s。素填土现主要分布在两侧堤防回填土下。

②淤泥质粉质黏土:普遍分布。灰色。饱和。流塑。局部相变为粉质黏土。大孔隙比。高压缩性。含有机质及贝壳碎片,层理发育,夹薄层粉砂、粉土。厚度大,层位稳定。层厚为 1.70～45.00 m(1.70～36.40 m)。水平渗透系数为 8.40×10^{-6} cm/s,竖向渗透系数为 7.34×10^{-6} cm/s;标贯击数为 4.70 击/30 cm,重型动探 $N_{63.50}$ 为 3.20 击/10 cm。

②₁ 粉质黏土:呈透镜状或夹层状分布于②淤泥质粉质黏土层中。灰色。饱和。软塑～流塑。局部夹薄层粉土。层厚为 2.00～12.00 m(2.00～5.50 m),顶板埋深为 1.25～36.00 m(1.70～23.00 m)。

③粉质黏土:灰黄色,局部灰色。饱和。可塑,局部软塑。层厚为 2.00～22.50 m(4.20～16.20 m),顶板埋深为 25.50～57.50 m(41.00～53.00 m)。标贯击数为 32.80 击/30 cm。

③₁ 淤泥质粉质黏土:灰色。饱和。流塑。夹薄层粉土、粉砂。层厚为

---

① 地基土层编号与秦淮河综合整治工程地质勘察总报告地基土层编号保持一致,因此地基土层编号不连续。

2.50～9.00 m（4.00～4.55 m），顶板埋深为 34.50～43.95 m（35.00～43.95 m）。

③₂粉土：灰色。饱和。稍密～中密。夹薄层状粉砂、黏性土，局部黏性土夹层厚度较大。局部未揭穿。可见厚度为 1.00～31.20 m，顶板埋深为 23.80～53.00 m（27.00～48.50 m）。标贯击数为 41.30 击/30 cm，重型动探 $N_{63.50}$ 为 9.50 击/10 cm。

③₃粉砂：青灰色。饱和。中密。夹黏性土薄层，含云母碎片。层厚为 0.90～15.00 m（6.20～15.00 m），顶板埋深为 42.50～60.50 m。标贯击数为 27.20 击/30 cm，重型动探 $N_{63.5}$ 为 14.12 击/10 cm。

⑥粉质黏土：灰黄色～灰色。饱和。可塑～软塑。层厚为 2.20 m。

⑥₁粉土：黄褐色，局部灰黄色，饱和。稍密～中密。含有灰白色黏土条带，层厚为 1.20 m，顶板埋深为 67.80 m。

⑥₂细砂、中砂～砾石：灰色。以石英砂岩质粗砂、砾石为主。局部呈薄层状，层厚为 0.80～6.30 m，顶板埋深为 66.40～71.50 m。

⑨₁强风化泥岩、砂岩：层厚为 0.50～1.50 m。

⑨₂中风化泥岩、砂岩：顶板埋深为 68.30～76.00 m。

各层主要力学指标见表 1-1（水闸资料摘取）。

表 1-1　各层主要力学指标

层序	岩土名称	位置	重力密度 /(kN·m⁻³)	天然含水量 /%	天然孔隙比	黏聚力 /kPa（快剪）	内摩擦角 /(°)（快剪）
①	素填土	地面～−9.00 m	18.60	30.70	0.895	12.60	3.90
②	淤泥质粉质黏土	−11.00～−54.00 m	17.90	37.20	1.078	11.20	7.40
②₁	粉质黏土	−3.20～−46.00 m	17.90	35.80	1.062	16.10	7.30
③	粉质黏土	−30.20～−69.20 m	18.00	32.20	0.982	14.10	7.60
③₁	淤泥质粉质黏土	−38.80～−48.50 m	17.40	36.10	1.092	8.70	7.40

表 1-1(续)

层序	岩土名称	位置	重力密度/(kN·m⁻³)	天然含水量/%	天然孔隙比	黏聚力/kPa（快剪）	内摩擦角/(°)（快剪）
③₂	粉土	−34.50～−66.40 m	18.00	31.20	0.964	9.10	16.60
③₃	粉砂	−45.10～−71.50 m	18.10	31.00	0.948	7.20	17.10
⑥	粉质黏土	−71.50 m	19.20	30.50	0.835	17.00	5.30
⑥₁	粉土	−69.00 m					
⑥₂	细沙、中砂～砾石	−51.80～−73.00 m					
⑨₁	强风化泥岩、砂岩	−67.50～−76.00 m					
⑨₂	中风化泥岩、砂岩	−70.00 m 以下	23.30	3.80			

闸址场地土类型为中软场地土,覆盖层厚度为 15.00～80.00 m,建筑场地类别为Ⅲ类;场地抗震设防烈度 7 度,基本地震加速度值为 0.10g,抗震地段类别属不利地段。场地浅部主要为软弱土,厚度大,强度低,高灵敏性,属地质条件较差的场地。

地基处理:地基采用钻孔灌注桩和深层搅拌桩处理。闸室底板下共布置 192 根钢筋混凝土灌注桩,桩长为 54.00 m,桩距为 3.00 m,桩径为 1.00 m。上下游翼墙基础为灌注桩加混凝土搅拌桩,翼墙边坡采用三维空间梁格支撑结构。

1.2.3 工程总体布置

1.2.3.1 闸室布置

闸室布置在河道中心线上,纵向轴线平行于水流方向。闸室采用钢筋混凝土坞式结构,顺水流方向长为 37.00 m;垂直水流方向总宽度为 97.00 m,分为两块,在中墩处分缝,单块净宽为 48.50 m。闸底板顶面高程为 1.00 m,闸墩顶面高程为 7.50～8.00 m,闸门两侧拱脚插入闸墩 3.00 m。

闸门采用卷扬机启闭,启闭机房布置在闸墩上所设的圆弧形启闭排架顶部。启闭机房地面高程为 20.00 m,顺水流方向长为 7.80 m,垂直水流方向宽为 7.06 m,净高为 4.00 m。通过设在闸墩上的螺旋楼梯可到达启闭机房。

1.2.3.2 内外河渐变段布置

为保证内外河渐变段与上下游河道的平顺衔接,在渐变段土堤堤脚处设翼墙。翼墙顶高程随着挡土高程渐变,在与闸室相交处,翼墙顶高程为 7.50 m,上游向秦淮河侧渐降至高程 1.00 m,下游左岸翼墙顶高程向长江侧渐降至高程 0.00 m。下游右岸因岸坡逐渐远离河道轴线,翼墙布置时一方面利用地势,另一方面结合景观平台设置,取相同的顶高程(7.50 m),由闸室边墩开始,逐步进入岸坡。

因本工程有较高的景观要求,河道断面设计时应结合景观建设,上、下游河道均设平台及缓坡,既有利于景观布置,又有利于边坡稳定。第一级平台高程为 5.00 m,第二级平台高程为 7.50 m。闸上河底高程为 1.00 m,闸下河底高程为 0.00 m。岸坡由河底以 1∶3 的坡度至高程 5.00 m,设宽为 1.0 m 的平台;接着以 1∶3 的坡度至高程 7.50 m,设宽为 8.00 m 的亲水平台;而后以缓坡至高程 10.00 m,设宽为 3.00 m 的马道;随后以 1∶3 的坡度至防洪高程 12.60 m,并设宽为 6.00 m 的防汛景观通道。

为保证上下游河床不受冲刷,在闸底板下游 80.00 m、上游 50.00 m 长的河道范围内,高程 5.00 m 以下的边坡采用浆砌块石护坡,下设碎石垫层、土工反滤布;高程 5.00 m 以上的边坡根据景观要求采用生态草皮护坡。

上下游两岸翼墙根据实际挡土高度和地质情况,分别采用扶壁式和悬臂式等结构形式。具体布置如图 1-1、图 1-2 所示。

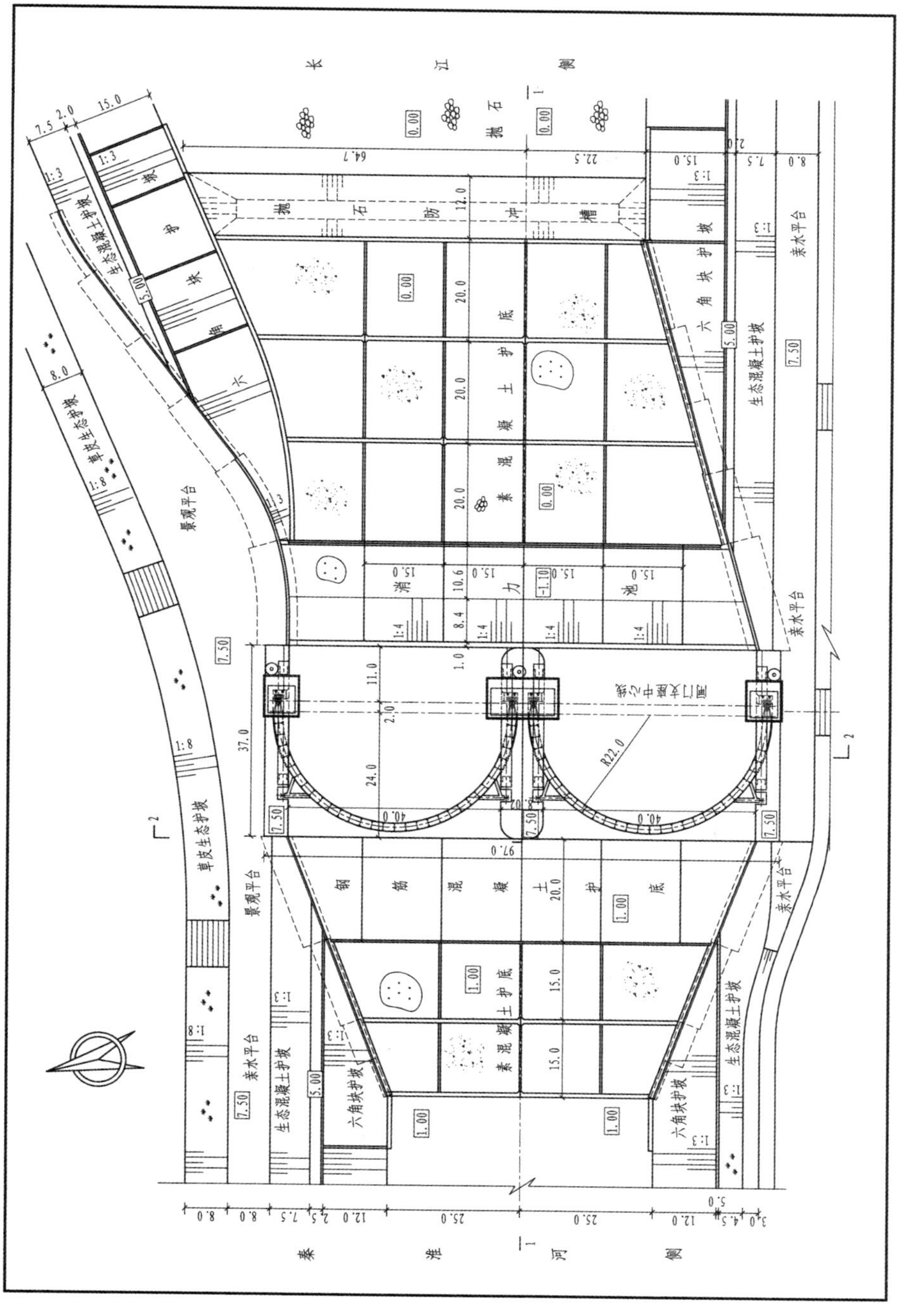

图1-1 三汊河河口闸平面布置图（单位：m）

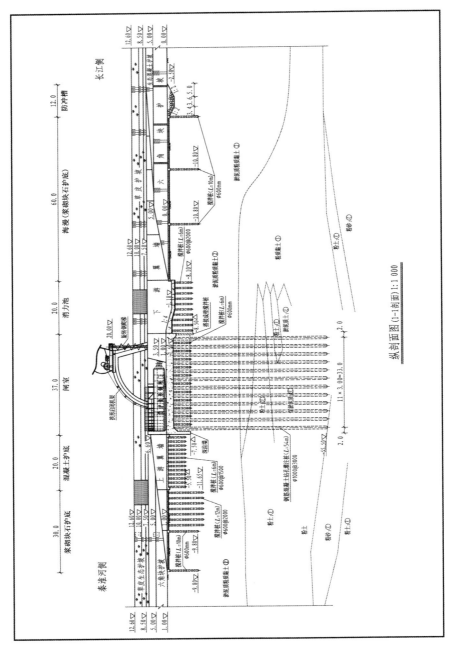

图1-2 三汉河河口闸纵剖面图（单位：m）

1.3 工程设计

1.3.1 等级标准

外秦淮河防洪标准为百年一遇,防洪工程为Ⅰ等1级。三汊河河口闸的主要功能是关闸蓄水,提升枯水期秦淮河水位,不具有防洪及航运功能,确定工程等别为Ⅱ等;主要建筑物按2级建筑物设计,次要建筑物按3级建筑物设计,临时工程按4级建筑物设计。抗震设防烈度为Ⅶ度。

1.3.2 特征水位及水位组合

1.3.2.1 特征水位

闸上(秦淮河侧)控制水位:最高蓄水位为 7.00 m,正常蓄水位为 6.50 m,最低蓄水位为 5.50 m。

闸下(长江侧)特征水位见表1-2。

表1-2 闸下(长江侧)特征水位表

名称	水位值/m
百年一遇低潮位	1.50
五十年一遇低潮位	1.58
历史最低潮位	1.54
五十年一遇最低旬平均潮位	2.10
最低月平均潮位	2.77
枯水期各月平均低潮位	3.50

1.3.2.2 水位组合

工程主要水位组合见表1-3。

表 1-3　工程主要水位组合

项目	工况		秦淮河/m	长江/m	备注
闸室整体稳定	基本组合	设计工况	6.50	2.10	五十年一遇最低旬平均潮位
	特殊组合（Ⅰ）	校核工况 1	6.00	1.50	百年一遇最低潮位
		校核工况 2	7.00	2.77	最低月平均潮位
		校核工况 3	5.50	2.77	最低月平均潮位（换水工况）
	特殊组合（Ⅱ）	校核工况 4	6.50	3.50	地震工况
消能计算水位	设计工况 1		6.50	2.10	门顶过流，流量 $Q=30 \ \mathrm{m^3/s}$
	校核工况 1		6.50	1.50	正常运用（门顶过流），流量 $Q=30 \ \mathrm{m^3/s}$
	校核工况 2		7.00	2.77	正常运用（门顶过流），流量 $Q=80 \ \mathrm{m^3/s}$
	校核工况 3		7.00	6.50	开闸行洪（流量 600 $\mathrm{m^3/s}$，河口水位 9.69 m）
	校核工况 4		5.50	2.77	闸门冲淤或放空换水
边坡稳定	闸下	完建工况	0.00	6.50	正常运用条件
		运行工况	1.58	7.00	正常运用条件
		地震工况	3.50	7.00	非正常运用条件
	闸上	完建工况	1.00	6.50	正常运用条件
		运行工况	5.50	7.00	正常运用条件
		地震工况	5.50	7.00	非正常运用条件

1.3.3　地基处理及闸基防渗

闸底板地基处理采用钻孔灌注桩直桩加深齿槽方案。具体布置为：闸墩底板下布置钻孔灌注桩，单块底板下布置 96 根桩径为 1.00 m、桩长为 54.00 m 的直桩。对未布置钻孔灌注桩的底板地基布置深为 6.00 m 的混凝土搅拌桩。在闸底板边缘下游侧和两边墩下部布置相互搭接 0.20 m 的封闭式混凝土搅拌桩，混凝土搅拌桩的桩径为 0.60 m，深度为 6.00 m。在底板上游侧下部设置钢筋混凝土深齿墙阻滑，齿墙深度为 6.00 m，厚度为

1.00 m。

闸室基础采用钢筋混凝土钻孔灌注桩处理,属于刚性桩,为防止闸底板与地基土脱开而产生接触渗流,在闸底板的上游侧设置深齿墙,结合闸室底板的混凝土搅拌桩处理,在闸底板的下游侧和左右岸边墩侧布置搭接成壁的混凝土搅拌桩,以形成围封式的防渗幕墙。同时,在闸底板与下游消力池、上游护坡以及边墩上下游侧与高翼墙之间的结构缝采用橡胶止水带和紫铜片进行两层止水,确保渗透稳定。

1.3.4 消能防冲

三汊河河口闸为单向挡水,水流只能从秦淮河侧流向长江侧。水闸蓄水时,闸门平放于闸底板上,水从门顶溢流形成瀑布,内外水位差较大(闸上高程为 6.50～2.50 m)。为防止对下游河床的冲刷,外河消力池长度取 20.00 m,深度为 1.10 m;海漫段长度取 60.00 m,防冲槽深度为 2.50 m,宽度为 12.00 m。内河护底长为 60.00 m,其中 20.00 m 为混凝土护底,其余 40.00 m 为浆砌块石护底。消力池采用 C30 钢筋混凝土结构。消力池与闸室之间设置止水。消力池底板厚度为 1.00 m,池底高程为 −2.10 m。海漫段采用浆砌块石护底。护底下设碎石、粗砂、土工布反滤层,并间隔 2.00 m 设置排水孔。为增强块石护底的稳定性,纵横向布置 C20 素混凝土格埂。防冲槽为梯形抛石结构。

1.3.5 闸门设计

1.3.5.1 闸门总体布置

三汊河河口闸采用双孔护镜门,由 2 孔单孔净宽为 40.00 m 挡水闸组成,相应的金属结构设备包括护镜门 2 扇、操作护镜门的盘香式启闭机 2 套、调节水位的活动小门 12 扇及相应的液压启闭机 12 台。

单扇护镜门为半圆拱形结构,闸门底坎高程为 1.00 m,闸门高为 6.50 m。闸门拱内圆半径为 21.20 m,拱外圆半径为 22.80 m。圆拱两端通过可绕水平轴转动的支铰支承在两侧闸墩上,支铰中心的安装高程为

3.50 m。闸门圆弧凸向秦淮河侧,在挡水时为受压拱。护镜门为双吊点,两吊点间的距离为 42.00 m,启闭机钢丝绳通过布置在拱形排架上的导向卷筒与闸门吊点相连。护镜门的操作设备采用 2×1500 kN 盘香式启闭机,每扇闸门有 2 个吊点,分别布置在闸门的两侧,双吊点的 2 台启闭机布置在闸门两侧闸墩上的拱形启闭机排架上。闸门 2 个吊点之间的同步是通过 2 个启闭机的同步来实现和保证的。每台启闭机引出 6 根钢丝绳,钢丝绳通过布置在拱形排架上的 4 个导向卷筒与闸门门体悬臂吊梁铰接。

为了满足护镜门在关闸挡水时间上水位(秦淮河侧)能够在高程 5.50～7.00 m 之间调节的要求,护镜门的顶部设有可垂直升降的活动小门叶,保证了整个护镜门的高度可在高程 5.50～6.65 m 范围内调节。每扇护镜门设活动小门 6 扇,每个活动小门宽约为 7.10 m、高约为 1.15 m(挡水高度)。活动小门采用液压启闭机操作,每个活动小门均为双吊点布置,两吊点间的距离为 3.54 m,操作设备采用 2×200 kN 倒挂式液压启闭机。

护镜门门顶设置人行通道,在闸门挡水状态时可以投入使用,可沟通两岸交通,当作工作便桥使用,通道桥面的高程为 7.50 m。

护镜门在水平状态时挡水或门顶过流形成瀑布景观,可通过闸门上的活动门叶升降来调节秦淮河的水位。需要开启闸门时,盘香式启闭机通过钢丝绳拉动闸门吊点,使闸门以铰轴为圆心向上转动,到达 60°时停止并锁定,河道行洪过流。同时,在闸门门体、闸墙顶部、圆拱形排架、启闭机房布置景观照明灯具,使闸门在晚间形成绚丽壮观的景色,成为一个具有独特色彩的标志性建筑。

1.3.5.2 闸门结构设计

护镜门设计水头为 4.23 m,在闸门全开状态即闸门处于 60°全开位置时,考虑两种工况,一是闸门结构可承受任意方向上的 10 级大风,二是闸门结构可承受地震震动峰值加速度为 0.10g 引起的作用力。

护镜门为圆拱形结构,沿门高设 2 根主梁,2 根主梁构成箱形梁,以增加闸门的整体刚度。箱形梁为密闭的空箱。箱形梁的采用使得护镜门在增加结构刚度的同时,又可以充当浮箱的作用,以减小护镜门操作时的启门力。

箱形梁腹板的厚度为 12.00 mm,翼缘的厚度为 16.00 mm。下主梁与护镜门底部的间距为 1.00 m,上、下主梁的间距为 2.16 m,主梁的梁高为 1.60 m,闸门面板设在秦淮河侧,面板厚度为 16.00 mm,上主梁以上主梁翼缘及护镜门面板之间形成的空腔为活动小门的闸室,活动小门门叶在闸室内可以上下升降,使闸门的挡水高度在 5.50~6.65 m 高程之间可调。闸门门体上部设人行通道,人行通道的支撑圆立柱兼作活动小门门叶的支撑导向柱,方立柱作活动小门的支撑门墩。闸门两侧设悬臂吊梁,作为护镜门的启闭吊点,吊点的回转半径为 18.10 m。

护镜门上的门顶活动小门同样为圆拱形,在圆心角为 120° 的圆弧长度方向上分成 6 节,形成 6 扇活动小门,每扇活动小门均可单独操作。活动小门的荷载通过沿圆周布置在大门体上的支撑滑块和导向柱传递到大闸门门体,安装在大门两支撑方立柱上的侧支撑滑块兼作活动小门的侧止水。活动门叶的顶部设计成流线型的导流板,以利于挑流形成瀑布。为避免在换水、冲淤工况下,护镜门局部开启时,水流在闸门底缘处产生负压,护镜门的底缘在秦淮河侧(上游侧)的倾角布置大于 45°,随着闸门的开启,该角度逐渐增大。长江侧(下游侧)的倾角布置大于 40°。

1.3.5.3 闸门三铰拱结构

护镜门跨中部位的铰接形式采用了柔性铰的结构,其抗拉、抗压、抗剪能力满足规范要求,而截面尺寸大大小于闸门其他部位的截面尺寸,从而使得该部位抗弯能力较弱。采用该结构,闸门的制造较简单,不存在安装问题,也不需要进行维护,闸门的外观比较整齐美观。

1.3.5.4 闸门支铰

护镜门的主支撑采用球形支铰,支铰轴承采用关节轴承,不仅可以传递一定的轴向荷载,而且可以消除护镜门制造、安装的误差以及适应护镜门因受力和温度变化而产生的闸门变形。

支铰结构的设计主要考虑保护关节轴承免于泥沙的进入。选择的双金属自润滑关节轴承具备较高的防腐能力,即对有污染的河水有抗腐能力,其滑动表面为烧结铜层并均匀含有固体润滑剂,同时再增设外层密封,防止水和泥沙的进入,防止润滑介质的流失,确保关节轴承安全工作。支铰结构的设计除具有防泥沙的功能以外,还有自动补偿磨损的功能及适应关节轴承微摆动的功能。

1.3.5.5 闸门止水

护镜门设底止水和侧止水。底止水布置于圆弧拱的直径方向,其有效挡水宽度约为 45.60 m。侧止水采用插拔式,由两种 V 形水封组合而成。在护镜门闸墩的侧墙上预留有燕尾形插槽,安装时将侧水封组件直接插入即可。同时,根据水封的磨损情况,只需将整个侧水封组件从插槽中拔出进行维修。不锈钢封水座面布置在闸门上。考虑到整个护镜门沿弧线的长度较大,为保证护镜门在关闭状态下底水封与底槛的良好接触,底止水采用弹性更佳的材质,并根据底水封的布置设计新型的水封断面,即 U 形断面,并且在圆弧侧留有空腔,以进一步增强底水封的适应性。

在护镜门门体上设置活动小门的底止水,布置在下游侧(长江侧)。安装在大闸门两支撑方立柱上的活动小门侧支承滑块兼作活动小门的侧止水,底、侧止水形成活动小门的 U 形闸门止水。

1.3.6 启闭设备

1.3.6.1 护镜门启闭机

护镜门的启闭设备采用 2×1 500 kN 盘香式启闭机,每扇闸门有两个吊点,分别布置在闸门的两侧,两吊点的两台启闭机布置在闸门两侧闸墩上的拱形启闭机排架上。每台启闭机引出 6 根钢丝绳,钢丝绳通过布置在拱形排架上的 4 个导向卷筒后与闸门门体悬臂吊梁铰接。

护镜门在全开位置时,通过启闭机的锁定装置锁定闸门。由于直接锁定闸门比较困难,也影响排架的美观,故锁定装置设在启闭机上,通过锁定启闭机的大齿轮来锁定闸门。锁定装置设防误操作行程保护开关。启闭机的另一安全保护装置为过负荷保护装置,安装在拱形排架上的导向卷筒下。

1.3.6.2　护镜门启闭机的同步

当两吊点启闭机钢丝绳启闭同步时,启闭机出绳点到闸门吊点间的行程差是由拱形排架上导向卷筒的安装精度来保证的,其差值是一固定值,闸门全行程的不同步值就是这一固定值。启闭机的同步基本保证了闸门吊点的同步。因此,闸门两吊点之间的同步是通过两个启闭机的同步来保证的。

启闭机的同步采用电气变频同步系统,以保证启闭机转速的同步,即通过安装在电动机上的测速仪,检测电机的转速,当两个启闭机的电机转速差超过设定值时,可编程逻辑控制器(PLC)控制变频器,使变频器变频改变电动机的频率,达到纠偏同步的目的,从而使启闭机的转速保持同步。

为了保证电动机上的测速仪安全可靠地正常工作,还安装了一套保护旋转编码器,若转速差超过设定值而同步系统没有进行纠偏,则系统停机并发出报警信号。

1.3.6.3　活动小门启闭机

护镜门门顶活动小门的启闭设备采用 2×200 kN 液压启闭机,每扇小门布置两只油缸,两孔护镜门 12 扇小门共布置 24 只油缸。

考虑到检修和门体的结构和空间,油缸的布置采用倒挂式,缸体安装在活动小门上,活塞杆吊头铰接在门顶交通桥的梁系上。一扇活动小门配置一机一站,相邻两个液压泵站可互为备用。液压泵站布置在对应的活动液压启闭机小门上部的交通桥梁系上。

工程主要技术指标见表 1-4。

表 1-4　工程主要技术指标

河系	秦淮河	所在地	鼓楼区三汊河口	主要作用	维持景观水位
开工日期	2004 年 8 月	竣工日期	2006 年 5 月 21 日	工程造价	1.5 亿元
闸室总长	97.00 m	单孔闸净宽	40.00 m	闸孔数	2
闸孔净高	6.50 m	闸墩顶高程	7.50 m	闸底高程	1.00 m

表 1-4(续)

大闸门	孔口宽度	40.00 m	支撑方式	自润滑关节轴承	孔口数量	2 孔
	孔口高度	6.50 m	支撑跨度	44.00 m	闸门数量	2 扇
	设计水位	6.50/1.58 m	曲率半径	22.00 m	闸门自重	270 t
	闸门类型	护镜门	底坎高程	1.00 m	操作设备	盘香式卷扬启闭机
小闸门	孔口宽度	7.50 m	支承方式	滑道（华龙材料）	孔口数量	12 孔
	孔口高度	1.15 m	支承跨度	7.50 m	闸门自重	8 t
	设计水位	1.50 m	曲率半径	22.00 m	操作设备	倒挂式液压启闭机
	闸门类型	拱形滑动闸门	闸门数量	12 扇		
大门启闭机	启闭容量	2×1 500 kN	吊点数量	双吊点	启闭机台数	2 台
	启闭速度	0.60～0.78 m/min	吊点间距	42.00 m	电源种类	380 V、50 Hz
	启闭扬程	17.50 m	操作设备	盘香式卷扬启闭机		
小门启闭机	启门容量	2×200 kN	吊点数量	双吊点	启闭速度	0.2 m/min
	闭门容量	2×50 kN	吊点间距	3.54 m	泵站数量	12 座
	工作行程	1.15 m	操作设备	倒挂液压式启闭机	油缸数量	24 只
	最大行程	1.30 m	启闭机台数	12 台	电源种类	380 V、50 Hz
建筑物等级		Ⅱ等 2 级	抗震设防烈度	Ⅶ度	水准基面	吴淞

1.3.7 建筑、景观设计

工程闸址位于江苏省南京市外秦淮河长江入口处,水资源丰富,地理位置优越,其北岸为南京世茂滨江风光带,南岸为渡江胜利纪念馆。在此处建设水闸,是历史与现代的融合,不仅具有城市防洪、排涝、调水等综合功能,给秦淮河流域的百姓带来巨大的利益;而且建筑设计配合秦淮河三汊河河口闸的护镜门方案,采用先进的技术及材料,使其具有独特造型和较强的观赏性。由于地理位置的特殊性,三汊河河口闸也是南京的一个标志性建筑,为城市增加新的风采;也充分展现了南京的发展水平和城市风貌,发掘了南京的历史与渊源,将近年来南京富有成效的经济发展和日新月异的城市建设充分展示给世人。

1.3.7.1 设计原则

(1)"领先性"原则,体现新的设计理念。

(2)"以人为本"原则,体现人居环境和生态要求,建造满足景观、功能、安全要求的工程。

(3)"尊重自然"原则,做到与自然环境、周边建筑和谐、协调。

(4)与当地的历史和文化相容的原则。

1.3.7.2 设计特色

(1)水闸建筑物造型以圆形为基调,线条流畅,优美。

(2)护镜门结构新颖,关闸时溢流形成瀑布,开闸时似彩虹、似飞龙。

(3)启闭机房采用抽象化的"龙头"结构,寓意龙的腾飞、龙的气魄、龙的精神,与秦淮河的又名"龙藏浦"相辅相成。

(4)秦淮河自古因"秦淮灯火甲天下"的景象而闻名于世。水闸设计时对闸门、排架、启闭机房等全面进行灯光美化照明,并首次将舞台灯光照明技术引入水利工程,使水闸形成动感、极富想象力的照明景观。

(5)水闸北岸为南京世茂滨江风光带,南岸为渡江胜利纪念馆及市民文化广场,是市民活动、休闲的特色场所。景观设计突出亲水、休闲、舒适的原则,营造人与自然和谐共处的优美环境。三汊河河口闸采用宏伟的护镜门、优美的"竖琴"排架、富有想象的启闭机房,配上动感、绚丽多彩的灯光照明,与自然、和谐、生态的两岸景观相映生辉,使人赏心悦目,是水利工程与历史文化、景观、环境的有机结合。图1-3为三汊河河口闸景观图。

图 1-3 三汊河河口闸景观图

1.4 工程施工

1.4.1 主要施工过程

根据江苏省发展改革委、江苏省水利厅关于"三汊河河口闸工程初步设计"批复要求,河口闸工程应于 2004 年 5 月进场准备、8 月开工建设。工期由 2003 年和 2004 年两个枯水季节压缩为 2004 年 8 月至 2005 年 5 月底。但各方协调及搬迁等问题,直接影响河口闸工程施工。经南京市政府 10 多次专题会协调,2004 年 9 月 21 日,基本解决影响河口闸水上施工的码头、渔民等问题;12 月 19 日,影响河口闸左岸底板与闸墩施工的水上派出所搬迁完成。此时,已过开工日期 100 余天,离合同完工日期仅剩 160 余天,河口闸工程才具备全面施工的基本条件。

三汊河河口闸工程是"建设新南京、迎接十运会"的重点市政工程之一,是外秦淮河环境综合整治中的重要工程,省、市各级领导多次亲临施工现场视察、指导工作,并提出要求:河口闸工程是南京外秦淮河整治工程的最关键工程,要高度认识三汊河河口闸工程建设的重要意义,在确保工程质量和安全的前提下,不惜代价加快施工进度。参建各方要精诚合作、齐心协力,尽一切努力、想一切办法,完成河口闸工程建设任务;河口闸属新型闸,国内首创,融防洪、景观功能于一体,是展示南京水利与城建形象的综合工程,要在建好主体工程的同时,做好周边景观生态工程,还南京市民一条美丽的秦淮河。图 1-4 为三汊河河口闸工程建设现场施工图。

图 1-4 三汊河河口闸工程建设现场施工图

河口闸工程技术新、施工难度大、要求高,为进一步加快施工进度,倒排工期,确定了控制工程进度的 4 个节点:

(1) 2005 年 3 月 15 日前完成闸室底板混凝土浇筑。

(2) 2005 年 4 月 15 日前完成闸墩混凝土浇筑。

(3) 2005 年 5 月 15 日前完成排架混凝土浇筑。

(4) 2005 年 6 月 15 日完成闸门安装并吊起。

图 1-5 为三汊河河口闸混凝土浇筑现场图。

为实现节点目标,主要采取以下超常规施工保障措施:

图 1-5　三汊河河口闸混凝土浇筑现场图

（1）通过技术创新,在确保施工质量、安全的前提下,优化调整施工方案,缩短工期。一是通过"四掺"(高效减水剂、粉煤灰、膨胀剂、聚丙烯腈纤维)一次浇筑底板和闸墩;二是提高排架混凝土标号(由 C40 提高到 C50),从而缩短等强时间;三是把下游浆砌石海漫改为现浇混凝土海漫;四是金属结构和机电设备在安装前进行预拼装和调试,以缩短现场安装调试时间。

（2）加大人力、物力的投入,特别是增加熟练的施工人员、增加施工设备,实现满员、满负荷、高强度 24 小时不间断施工。

（3）强化激励机制。对施工单位实行工期节点提前奖励,以最大限度调动全体施工人员的积极性。

（4）加强现场协调。在优先保证闸主体按时在汛前完工的前提下,保障交叉施工的土建与金属结构安装、闸主体与堤防的施工互不干扰,全面推进。

（5）做好导流工作。采用上游分流、区间抽排等综合措施,在确保流域防汛和南京城市防洪安全的前提下,推迟拆坝时间,延长施工期。

通过上述各项措施的落实,最终实现了 2005 年 6 月 9 日水下工程验收、"十运会"前工程试运行的目标。

1.4.2　土建施工

（1）三汊河河口闸施工围堰是施工中第一难点,工程地基土质条件差,软土深达 40 余米,围堰采用钢板桩充填袋围堰技术,用袋装吹填土代替常规的回填土作为堰身结构,取消一般围堰采用的黏土回填,克服了水中填土的质量较难保证、进度较慢的缺点,缩短了围堰工期。同时,利用吹填袋装土自身稳定性,减少钢板桩侧压力,大大缩短了桩长,降低了施工难度和造价。围堰于 2004 年 8 月开工,10 月底合龙挡水,运行使用 8 个月,于 2005 年 6 月底拆除放水,使用过程中安全稳定。

（2）土方工程主要有内河侧土方开挖、闸室土方开挖、消力池土方开挖等,挖方总量约为 25.70 万 m³,填方总量约为 13.40 万 m³。由于前期场内不具备堆土条件,且开挖土方不能满足回填土要求,所有挖方均外运弃土,所有回填土均外购回填。根据"先主后次、先深后浅、先重后轻"的原则,先进行闸室土方开挖,随施工作业面张开,上、下游护底及翼墙同步进行开挖。但在施工过程中,由于拆迁问题导致工期滞后,为减小影响,增加了施工机械设备,改变了施工方法,以保证基坑及早成型。

（3）三汊河河口闸采用坞式结构,每块底板长为 37.00 m（顺水流向）、宽为 48.50 m、厚为 2.50 m,混凝土土量为 4 700.00 m³,原设计布设两道后浇带,因工程工期紧、任务重、质量要求高,经分析研究,采用膨胀加强带一次浇筑成型方案,并在底板中布设高密度聚丙烯塑料循环冷却水管。具体措施为:减少混凝土用量,掺入 JM-Ⅷ型减水剂,掺入粉煤灰,设加强带,掺入 UEA-B 型膨胀剂,掺入聚丙烯腈纤维,布置冷却水管,做好混凝土的保湿养护。通过以上措施,底板一次浇筑成型,未发生任何异常。

图 1-6 为三汊河河口闸土建施工图。

图 1-6 三汊河河口闸土建施工图

1.4.3　闸门制造与安装

工程采用的护镜门结构尺寸和规模空前,双孔为 90.00 m 大跨度,外弧半径为 22.80 m,展开长约为 72.00 m,护镜门内还设有活动小门,成为全国水利工程之最。该门采用的施工技术及工艺方法在国内尚无应用先例,国际上虽有类似工程,但结构构造形式不同,启闭方式也不同。

工程护镜门施工技术、施工工艺均具有创新性。通过系统的护镜门制造和焊接、侧止水结构、活动小门挑流板成型以及安装施工工艺技术研究,取得制造安装的第一手实际动态资料。通过分析评价后,为护镜门的顺利制造和可靠安装提供了依据,对工程本身具有十分重要的指导意义。

（1）闸门制造关键技术。

外弧(半径为 22.80 m)、长轨迹(展开弧长约为 72.00 m)平面弧形面板材料为复合不锈钢板,需要解决大弧度、长轨迹平面弧形门面板横向弧度、竖向直线度的技术难题。

护镜门采用分节制作(2 扇门共分 18 节),现场对接总装的各项位置精度要求高;需对弧门曲率半径和外形几何尺寸、超远距离两支铰座相对位置等进行控制;同时为该类门的检测标准的制定提供依据。

护镜门采取胎模内卧式拼焊,对接缝、平角焊、仰角焊、角立焊等组合焊缝较多,坡口形式复杂,需要对护镜门分节制造焊接变形和收缩余量进行控制,确保所有结构的焊接性能。

护镜门内还设有活动小门,活动小门挑流板是双曲面,需解决其成型的难题。

侧止水采用插拔式结构,结构新颖独特,需解决开启时橡皮翻转和止水定位安装问题。

护镜门铰链、铰座组件达 28 000 kg,自润滑球关节轴承(内径为400.00 mm)装配后转动面要求转动灵活、无卡阻现象,球铰上下摆动角度可达 2°。

（2）闸门安装。

本工程施工技术及工艺方法在国内尚无运用先例,在国际上虽有类似工程,但结构构造形式不同,没有现成的施工经验可借鉴。护镜门的安装是本工程施工的一大技术难点,尤其是超大型护镜门需在独立门库测量放样的工况下安装就位,需要综合考虑各方面的因素。如弧门移位时因重心高存在构件易失稳倾覆的风险,两侧支铰同轴度问题,以及施工过程中各种累积误差等客观因素的影响。

现场工况:护镜门分节门叶 1—2—3 和门叶 7—8—9 在对接缝区域内如直接采用汽车吊装就位,则外弧面板对接缝不好施焊,需先移位再就位。为了寻找安全、经济的安装就位方法,在运用结构力学、温度学、力学动态平衡等方面知识的基础上,运用计算机建立数学模型,探索出独特的移位安装施工的新技术。图 1-7 为三汊河河口闸闸门安装图。

图 1-7　三汊河河口闸闸门安装图

施工特点:① 采用厂内分节制造、整体组装,并用驳船运输至工地上游围堰水域,采用浮吊卸货并转运的方案,打破了超大、超重构件陆地运输的瓶颈,降低了吊装的难度。② 通过吊车的协同工作来完成移位作业,解决了护镜门部分分段结构不能直接就位焊接的难题。③ 通过护镜门在各自独立的门库测量放样、安装就位,解决了超大型钢结构安装及吊装施工的难题。④ 采用先进的施工工艺和方法,如计算机辅助施工、温度学的应用等,解决了闸门运行关闭时侧止水施工的技术难题,以及温差对门叶曲率半径相对吻合度的影响。

工艺原理:① 护镜门主体分为 9×2 共计 18 个安装单元,安装遵循按编号由门端至门中顺次对称进行的原则。② 利用立体几何学的原理,测放弧门的旋转中心,并互为基准复核,确保门叶在关门位置安装的大样,同时随着工序的推进,采集旋转中心,确保不同工序构件的安装采用同一旋转中心。③ 通过移位原理,将按大样吊装就位的分段门叶 1—2—3 和门叶 7—8—9 拼接后,移出轨道进行外弧面板对接缝的施焊,再移进并按大样就位,其余构件逐一依次就位对接。图 1-8 为三汊河河口闸护镜门安装图。

图 1-8　三汊河河口闸护镜门安装图

　　根据本工程护镜门设计技术参数,在分析国内外大型钢闸门制造和安装施工技术现状的基础上,提出了适合本工程护镜门制造和安装、焊接施工以及活动小门挑流板双曲面成型等施工方案。其中多项施工技术国内尚无运用先例,采用本施工技术保证了工程的顺利实施。同时,通过制定质量控制标准、制造加工工艺、质量检测方法和实施细则,对护镜门制造过程进行了严格控制和科学管理,确保了闸门施工质量,创造了大型水闸工程优质施工的成功典范。

　　护镜门、活动小门和盘香式启闭机安装完毕投入试运行,经现场原型观测后运行平稳、止水效果良好。在该工程中采用的施工新技术和新工艺,较成功地解决了闸门结构复杂跨度大、焊接变形控制问题,以及测量放样精度和侧止水安装定位等问题。根据闸门的运行特征和止水的要求,采用的新技术和新工艺在大型(超大型)、中厚板、结构复杂的平面弧形门等金属结构施工中具有较好的推广运用前景。

1.4.4　工程质量

1.4.4.1　严格控制,质量第一

　　百年大计,质量第一。为确保三汊河河口闸工程质量过硬,建设过程中

严格把好五关:一是设计质量关。设计是工程施工的基础,设计质量决定了施工的成败,经过省厅专家组技术审定、施工图审查以及组织的有关专题会审,确保设计高质量、高品位。二是测量放样关。施工前基准点的确定和放线测量是控制工程几何位置和工程质量的基本条件,施工单位严格按设计图纸测量放样并提交监理单位复核。三是材料进场关。所有大宗材料都选用名牌产品,均有质保书和合格证,所有材料均经现场监理取样送检及平行抽检,各项检测均由有资质的检测部门检测。四是现场检查关。在做好施工现场质量检查的基础上,建立健全工地试验、质量检查、工序交接验收等制度,督促施工单位严格按设计图纸、规范、程序施工。五是工程验收关。严格实行施工单位"三检制"(班组检查、兼职质检员检查、专职质检员检查),自检合格后报监理验收。通过参建各方的共同努力,形成了建设单位负责、监理单位控制、施工单位保证、政府部门监督的质量保证体系,确保三汊河河口闸工程按质、按量、按时完成。图 1-9 为三汊河河口闸现场施工图。

图 1-9 三汊河河口闸现场施工图

1.4.4.2 科技创新，技术领先

三汊河河口闸工程属国内首创，无现成的设计、施工、运行、管理经验可以借鉴。为切实解决工程建设(运行)中的技术问题，化解创新带来的风险，各方单位先后完成河口闸水工模型试验、护镜门三维有限元结构分析、闸门水弹性振动试验研究、闸门水弹性原型观测、大体积混凝土浇筑温控研究等课题。通过水工模型试验，全面系统地研究了河口闸总体布置的合理性，验证了各种工况下消力池、海漫、防冲槽的长度和深度设计的合理性，提出了冲淤或换水工况下合理开启调度方式。护镜门三维有限元分析提出了不同工况下护镜门应力、应变分布情况以及闸门振动特性，为设计提供了依据。

闸门水弹性模型试验提出了闸门冲淤开合度建议范围、闸门设计修改方向及改善闸门运行条件的措施。通过科学研究，进一步加深了对闸门的理解和把握，为完善设计和运行管理提出了建设性意见。

以科研促进度。河口闸大体积混凝土的浇筑是土建施工的一大难点，也是决定工期的关键。为进一步压缩工期，将底板和闸墩混凝土两次浇筑改为一次浇筑，排架混凝土标号由 C40 提高到 C50，从而缩短了等强时间，压缩工期达 1 个月。

以科研保质量。在加快工程进度的同时，以科研为基础采取了一系列确保质量的手段，大体积混凝土浇筑采用"四掺"(高效减水剂、粉煤灰、膨胀剂、聚丙烯腈纤维)和通水管降温等措施，既加快了进度，也未发现温度裂缝。

以科研保安全。如此大跨度、低刚度(大挠度)的弧形钢闸门，设计、制造、安装、运行均未遇到过，其安全运行至关重要，通过水弹性模型试验及原型观测，摸清闸门振动特性、结构弱点以及运行的最不利工况，对设计完善提出了很好的建议，并根据对闸门脉动压力、应力、应变的在线监测，进一步掌握了闸门运行力学特性，对闸门运行方案提出建议，确保工程安全运行。

1.4.4.3 加强实测，确保安全

河口闸地处三汊河入江口，地质条件很差，施工开挖时边坡较高，虽采取放缓边坡的措施，但考虑相邻居民小区及开挖好的基坑会因土质较差产生隆起及塌方引起建筑物及施工人员、设备和建筑物本身的安全问题，故在

现场布设较多沉降及位移观测点,以加强观测。根据观测结果及时采取打木桩、槽钢支护、放缓边坡等措施,确保了施工安全。

在桩基施工中,对部分钻孔灌注桩做超声波检测,保证了对桩基施工质量的复核。在底板及闸墩混凝土浇筑过程中,在底板及闸墩典型部位布设测温仪,根据温度应力的发展规律,加强观测,根据温升及时调整冷凝水的温度及覆盖层的厚度和拆模的适宜时间,确保了闸墩、底板施工的质量。在整个建筑物施工过程中,布设原型观测设施,及时定期观测。布设的仪器包括沉降位移观测及测缝仪、渗压仪、土压仪、气压仪、钢筋仪、应力仪、水平仪等。

1.4.5　安全文明施工

根据"安全生产,预防为主"的指导思想,由三汊河河口闸参建各方、各部门负责人组成了安全生产领导小组。工程配备有丰富实践经验和相当管理水平的专职安全技术干部,各工种队、各生产班组配备专、兼职安全员。建立纵向到底、横向到边的安全生产责任制。签订安全生产责任书。对新上岗的人员和换岗人员严格执行三级安全教育和必要的体格检查,合格者方可上岗。特种作业人员严格实行培训、考核合格持证上岗制度。结合施工进度,对全体人员开展经常性的有针对性的安全教育,使每个员工都牢固树立"安全生产,人人有责"的思想。定期、不定期地组织各种类、各层次的安全生产检查,及时整改消除隐患。

施工现场设立规范的安全管理"五牌一图"(工程概况牌、管理人员名单及监督电话牌、消防保卫牌、安全生产牌、文明施工牌,施工现场总平面图),随着工程进展,悬挂相应的安全信号标志,定期编写安全生产简报和板报,努力创造安全的生产环境。各类特种设备、施工机械实行安全验收制度,落实专人管理,明确安全责任。

在汛期施工时成立防汛领导小组和抢险队伍,专人24小时在施工围堰全天候值班,配备了足够的防汛物资,确保了汛期工程施工安全正常进行。

施工用电推行三相五线制。电工严格执行安全用电自检、漏电保护器试跳、接地电阻测试等制度,确保安全用电。

成立消防领导小组和消防队，保证灭火水源，配置足够的灭火器材，并随时保持可靠的工作状态。定期组织专项检查和消防队演习。

作业环境方面，办公区、生活区房屋整体规划，排列整齐，绿化到位，外观基本一致。办公区、生活区道路均采用混凝土路面，配置混凝土路面停车场。设置全方位的工程介绍、警示、指示、宣传等标牌。设立卫生所，配备合格的保健、急救人员，配置必要的急救器材和药品，开展各种形式的卫生保健和急救知识宣传教育。

1.5 建设经验

1.5.1 严格程序

三汊河河口闸工程是外秦淮河综合整治工程的重要组成部分和标志性建筑。闸型国内首创，结构新颖。无论技术难度还是施工复杂性均为南京市水利史上罕见。为确保河口闸工程成为精品工程，按相关规定，通过规范、公正的招投标程序，选定上海勘测设计研究院为设计单位、上海东华咨询公司为监理单位、江苏水利建设总公司为土建施工单位，德国 SEW 传动设备公司、水利部郑州水工机械厂等国内外一流企业最终承担了设备制造工作。一流的参建单位为河口闸工程的圆满完工奠定了基础。

1.5.2 技术创新

河口闸工程结构新颖、技术复杂，大体积混凝土和大量非标准件的使用更增添了施工难度。为了确保河口闸底板、闸墩等部位大体积混凝土一次性连续浇筑施工成功，专门组织专家技术人员，协调各方面力量，从混凝土的材料质量控制、混凝土的浇捣施工措施以及混凝土养护温度控制等主要方面，数次召开专家论证会，制定和采取有效的技术措施，尽可能降低混凝土水化热释放量，控制混凝土养护阶段的温度、湿度等，减少混凝土内外温差。由于技术准备超前、充分,水化热温控措施得当,闸底板、闸墩等大体积混凝土施工后均未发现质量问题。

1.5.3　科学安排

河口闸土建施工工期特别紧,10 个月的工期被压缩为 7 个月,同时河口闸不同于市政工程,只能在枯水季节施工,按省防办批复,2005 年 5 月 31 日前必须拆坝行洪。为此,进一步优化施工方案,调整工期,减小各类因素对工期的影响。主要措施如下:一是参建各方精诚协作,加大资源的投入,确保 24 小时连续施工;二是施工使用的脚手架、模板、扣件等周转性材料一次性配足到位;三是利用经济杠杆等手段,最大限度地调动全体施工人员的积极性,使施工效率达到最高;四是优化施工方案,改良施工工艺,缩短工期。

河口闸工程采用了多项国内外首创的技术,取得了 4 项国家专利,先后获得了水利部设计金奖和国家设计银奖。2006 年获得江苏省水利厅颁发的优秀施工工程奖,2008 年获得中国水利工程协会颁发的大禹奖。河口闸的建设既实现了调控秦淮河水位、改善秦淮河水质的目标,又提高了水利工程在城市水利中的形象,同时也为城市水利的建设拓宽了思路、提供了新的设计理念。护镜门的研究与应用,使今后河口地区的水利基础工程和城市水环境综合治理工程在门型方面有了新的选择。三汊河河口闸的建设具有显著的社会效益、环境效益和极强的技术引领作用。

2　运行监测资料分析

本章根据三汊河河口闸建闸以来的安全监测资料,对河口闸运行性态进行初步分析。

三汊河河口闸共开展垂直位移、水平位移、河床断面、闸室底板扬压力、闸室底板基底土压力、灌注桩桩顶压应力、无应力应变、钢筋应力、底板不均匀沉降、底板伸缩缝开合度等 10 个观测(监测)项目。

(1)垂直位移采用 Trimble 公司的 dini12 电子水准仪以二等水准进行观测。

(2)水平位移采用尼康公司的 GPT-312i 型全站仪坐标法观测。

(3)河床断面测量采用全站仪放置基线与上下游断面位置,先用 GPS 碰测控制点,换算为南京地方坐标,再进行 PTK 精度测量;水下部分采用中海达－16 型自动测探仪采集水深后转换为高程,由导航软件控制方向,最后通过南方公司 CASS 软件成图。

(4)闸室底板扬压力、闸室底板基底土压力、灌注桩桩顶压应力、无应力应变、钢筋应力、底板不均匀沉降、底板伸缩缝开合度等均由监测自动化系统直接测读,每天采集数据 1 次,每月运用计算机采集 fwc2000 控制柜数据 1 次,并保存到数据库中。特殊情况下,增加自动采集数据频次或进行实时手动采集数据。

水闸安全监测项目符合规范要求,测点布置合理,测点考证资料完备,观测频次符合规范要求。目前,闸墩门支铰处的钢筋应力及闸底板不均匀沉降观测设施已损坏停用,其余工作正常。

2.1 垂直位移

三汊河河口闸工程于 2007 年设垂直位移工作基点 4 个,分别为 E001～E004。2007 年至 2009 年 12 月,从 E003 起测。2010 年 2 月至 2012 年 6 月,从 E001 起测。2012 年,因河口闸水质监测站建设,将工作基点 E002 迁移,于附近埋设了新点。2012 年 8 月至 2017 年,从 E002 起测。2015 年,专家审查时指出 E003、E004 基点位于河堤,沉降量大,不宜继续做基点,故于 2015 年 10 月埋设新基点 E005、E006,并于 2016 年 10 月开始校测,同时基点 E003、E004 停用。2018 年 3 月至今,从 E005 起测。由于基点 E005 持续下沉,而基点 E006 位移量相对较小,今后可能将 E006 作为观测基点使用。闸身从 2013 年开始以二等水准进行观测,堤防以四等水准进行观测。

2014 年下半年,引据国家水准点变换为南京基 1 后,由工作基点考证数据成果得出,工作基点 E002 下降 32.00 mm。垂直位移工作基点高程考证见表 2-1。

表 2-1　垂直位移工作基点高程考证　　　　　　单位:m

考证日期	基点					
	E001	E002	E003	E004	E005	E006
2007-10	8.491	8.658	11.265	10.711		
2008-1	8.491	8.658	11.259	10.692		
2008-12	8.484	8.645	11.245	10.642		
2010-2	8.458	8.614	11.222	10.590		
2010-8	8.464	8.620	11.228	10.576		
2012-8	8.654	8.597	11.196	10.500		
2013-2	8.646	8.591	11.188	10.485		
2013-9	8.648	8.588	11.186	10.473		

表 2-1(续)

考证日期	基点					
	E001	E002	E003	E004	E005	E006
2014-2	8.640 2	8.578 0	11.177 7	10.459 8		
2014-9	8.620 0	8.554 0	11.157 0	10.433 0		
2014-11	8.611 9	8.546 0	11.148 0	10.423 7		
2015-5	8.607 8	8.542 7	11.143 1	10.417 4		
2015-10	8.609 8	8.542 2	11.144 4	10.411 1		
2016-2	8.605 7	8.539 4	11.138 7	10.406 0		
2016-10	8.605 5	8.533 5	11.138 3	10.402 9	8.860 9	8.687 7
2017-3	8.600 8	8.529 8			8.855 8	8.682 7
2017-10	8.599 7	8.525 6			8.855 1	8.681 7
2018-3	8.597 8	8.524 5			8.853 6	8.679 9
2018-10	8.594 1	8.516 5			8.850 9	8.677 4
2019-3	8.593 1	8.515 8			8.850 0	8.676 5
2019-10-1	8.584 9	8.503 4			8.845 1	8.677 6
2020-3-1	8.583 5	8.502 6			8.843 0	8.670 5
2020-10-1	8.586 9	8.505 2			8.846 8	8.673 5

由于历年观测过程中垂直位移基点发生数次变化,且基点本身沉降较大,对观测数据的真实性产生影响。本节先给出原始数据下的观测过程线,后给出含考证基点的观测过程线,剔除原始数据中未考证基点就进行观测的数据,并考虑历史资料的延续性,对 2014 年国家点引据变换后的垂直位移观测成果提高 32.00 mm。

2.1.1 闸身垂直位移

闸室闸墩顶部共设 10 个垂直位移测点,编号分别为 1-1～1-6、2-1～2-4。翼墙顶部共设 12 个垂直位移测点,编号分别为上左翼 1-1、1-2,下左翼 1-1、1-2;上右翼 1-1、1-2,下右翼 1-1～1-6。闸身垂直位移测点具体布置见图 2-1,

闸身垂直位移观测路线见图 2-2。2007 年至 2020 年闸身各部位累积垂直位移过程线见图 2-3～图 2-16(垂直位移以向下为正,全书同)。

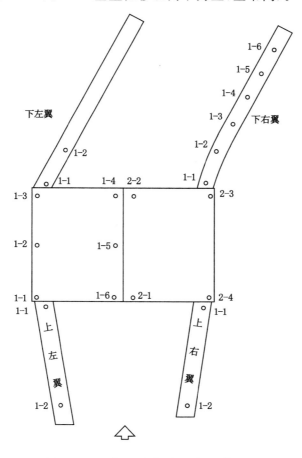

图 2-1 闸身垂直位移测点具体布置

观测资料显示,剔除未校准基点并修正引据点变换后的闸身垂直位移摘选修正观测数据基本符合一般规律,数据相对可靠,以下分析针对摘选修正观测数据开展。

(1) 2008 年 1 月 25 日,即始测定高后的第一次垂直位移测量时,闸身普遍抬升 9.00～18.00 mm,闸室中央抬升高,两岸抬升低,可能由于始测定高时未蓄水,第一次量测时蓄水后,闸身受浮托力作用上抬。

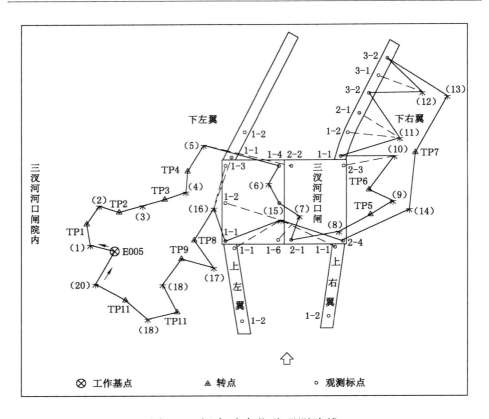

图 2-2　闸身垂直位移观测路线

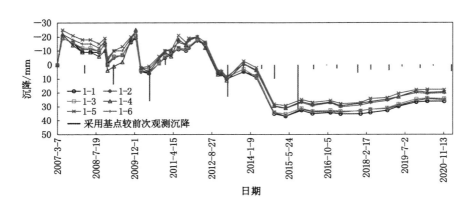

图 2-3　左闸室累积垂直位移过程线(原始数据)

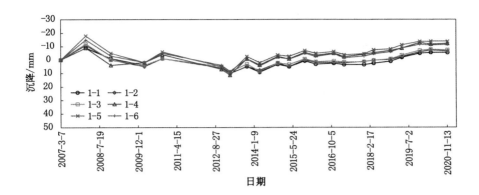

图 2-4　左闸室累积垂直位移过程线（摘选修正数据）

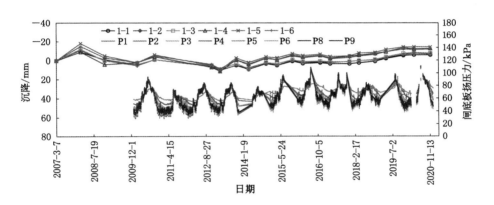

图 2-5　左闸室累积垂直位移过程线与闸底板扬压力对照图（摘选修正数据）

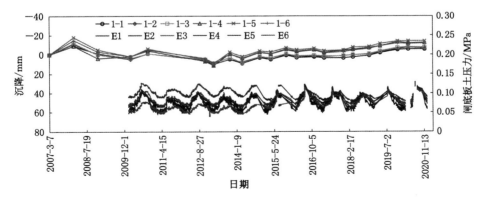

图 2-6　左闸室累积垂直位移过程线与闸底板土压力对照图（摘选修正数据）

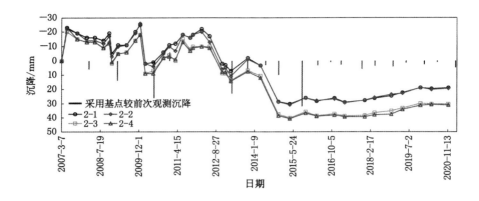

图 2-7　右闸室累积垂直位移过程线（原始数据）

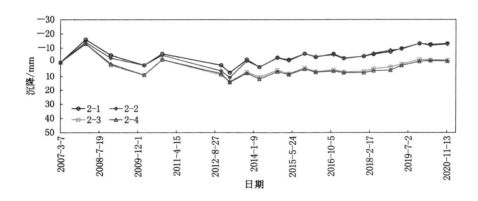

图 2-8　右闸室累积垂直位移过程线（摘选修正数据）

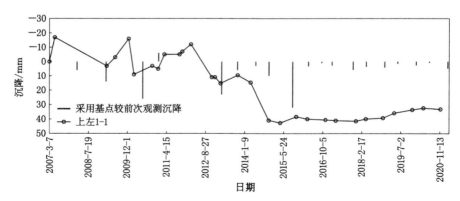

图 2-9　上游左岸翼墙累积垂直位移过程线（原始数据）

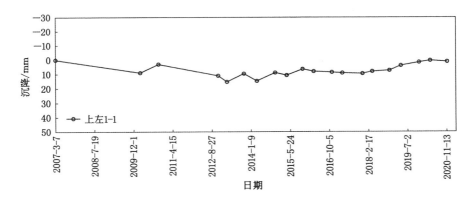

图 2-10　上游左岸翼墙累积垂直位移过程线（摘选修正数据）

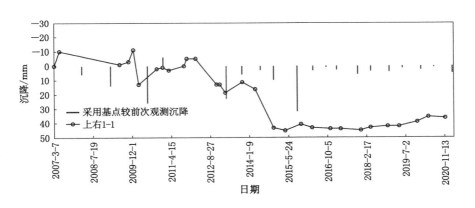

图 2-11　上游右岸翼墙累积垂直位移过程线（原始数据）

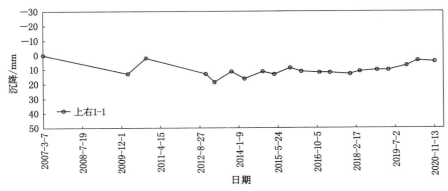

图 2-12　上游右岸翼墙累积垂直位移过程线（摘选修正数据）

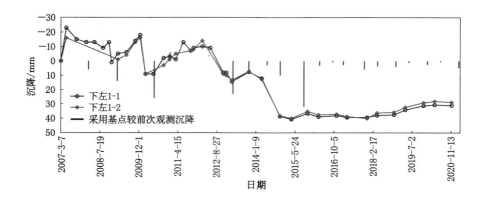

图 2-13　下游左岸翼墙累积垂直位移过程线（原始数据）

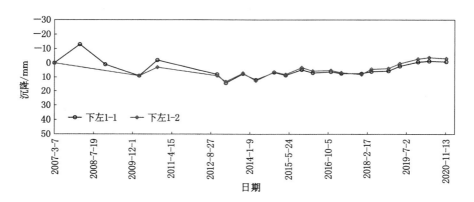

图 2-14　下游左岸翼墙累积垂直位移过程线（摘选修正数据）

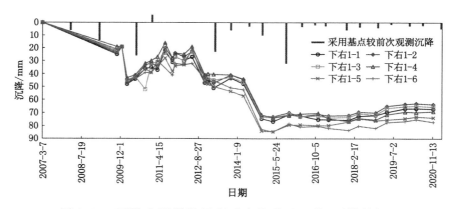

图 2-15　下游右岸翼墙累积垂直位移过程线（原始数据）

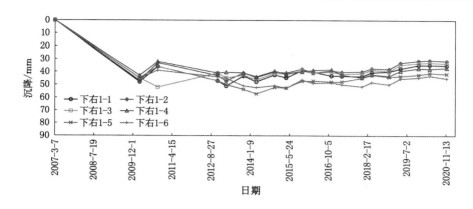

图 2-16   下游右岸翼墙累积垂直位移过程线(摘选修正数据)

(2)左闸室底板各测点位移基本一致,变化缓慢,变化规律基本正常,有逐渐稳定的趋势(见图 2-4)。左闸室最大沉降 11.30 mm,发生在 2013 年 3 月 6 日,累积位移量较小,在规范规定的安全范围之内。2013 年以后沉降基本稳定,现状表现为略有抬升。比对闸基底扬压力(见图 2-5)和土压力(见图 2-6),可见闸身垂直位移走势上抬与闸基底扬压力、土压力缓慢上升存在明显相关性,判断由于闸基底扬压力变大顶托闸室上升。左闸室左侧(即河口闸左岸)1-1、1-2、1-3 测点受底板扬压力小,右侧(即河口闸中央)1-4、1-5、1-6 测点受底板扬压力大,表现为河口闸中央抬升相对大。闸室下游侧测点 1-3、1-4 相对上游侧测点 1-1、1-6 略高,反映出闸室略微前倾。

(3)右闸室底板各测点位移基本一致,变化缓慢,变化规律基本正常,有逐渐稳定的趋势(见图 2-8)。右闸室沉降变化规律与左闸室基本一致,最大沉降 13.90 mm,发生在 2013 年 3 月 6 日,累积位移量较小,在规范规定的安全范围之内。2013 年以后沉降基本稳定,现状表现为略有抬升。右闸室右侧(即河口闸右岸)2-3、2-4 测点受底板扬压力小,左侧(即河口闸中央)2-1、2-2 测点受底板扬压力大,表现为河口闸中央抬升相对大。闸室下游侧测点 2-2、2-3 相对上游侧测点 2-1、2-4 略高,反映出闸室略微前倾。

(4)上游翼墙各测点位移基本一致,累积位移量较小,变化规律基本正常,有逐渐稳定的趋势(见图 2-10、图 2-12)。上游左岸、右岸翼墙沉降变化规律基本一致,左岸翼墙最大沉降 15.30 mm,右岸翼墙最大沉降18.70 mm,均发生在 2013 年 3 月 6 日,与闸室最大测量沉降日期一致。2013 年以后沉降基本稳定。翼墙与闸室之间,即测点上左翼 1-1 与闸室的观测点 1-1、上右翼 1-1 与闸室的观测点 2-4 之间(见图 2-1),存在 7.00~8.00 mm 的位移差,翼墙相对向下错动,主要为闸底板受更大扬压力所致,符合位移规律,错动位移不大,目前无明显扩大趋势。

(5)下游翼墙各测点位移变化规律基本正常,目前沉降基本稳定,下游右岸翼墙沉降相对偏大(见图 2-14)。下游左岸翼墙沉降变化规律与上游翼墙基本一致,最大沉降 14.40 mm,发生在 2013 年 3 月 6 日。下游左岸翼墙与闸室之间,即测点下左 1-1 与 2-3 之间位移错动小,多在 4.00 mm 以内。下游右岸翼墙相对沉降偏大(见图 2-16),最大沉降 57.00 mm,发生在 2014 年3 月 25 日,越靠下游侧沉降越大,下游右岸翼墙与闸室间存在约 35.00 mm 错动。2014 年以后下游翼墙沉降基本稳定,无继续发展趋势。

2.1.2 堤防垂直位移

在引河堤防左右岸布设 12 个观测断面、43 个沉陷点,用于监测堤防的垂直位移情况。堤防垂直位移测点具体布置见图 2-17。

2014 年受下游人行桥施工影响,左岸共有 6 个堤防垂直位移观测点(Z0+82 下-1、Z0＋82 下-2、Z0＋82 下-3、Z0＋117 下-1、Z0＋117 下-2、Z0＋117 下-3)被破坏。施工结束后,因 Z0＋82 下-3 测点原址位于人行桥墩下,无法原址恢复,之后在 Z0＋82 测断面上另选位置设置了观测点,其余 5 个测点在原址重新埋设并测量。右岸共有 3 个堤防垂直位移观测点(Y0＋117 下-1、Y0＋117 下-2、Y0＋117 下-3)被破坏,施工结束后,在原址重新埋设了观测点。

依据其他测点位移过程对 2014 年破坏后的测点累积垂直位移进行了修正,2007 年至 2020 年堤顶各部位累积垂直位移过程线见图 2-18~图 2-41。

由摘选修正观测数据分析可得如下结论。

(1)总体而言,堤防沉降均处于缓慢发展阶段,2018 年以后基本达到稳

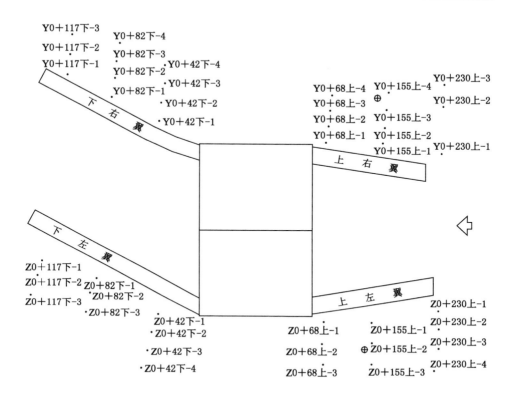

图 2-17　堤防垂直位移测点具体布置

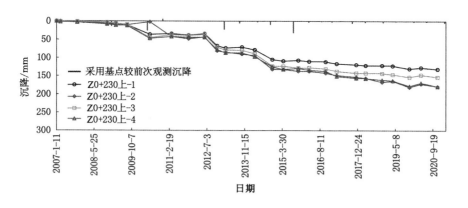

图 2-18　左岸上游 0＋230 断面堤防累积垂直位移过程线(原始数据)

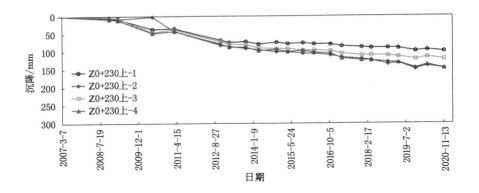

图 2-19　左岸上游 0＋230 断面堤防累积垂直位移过程线（摘选修正数据）

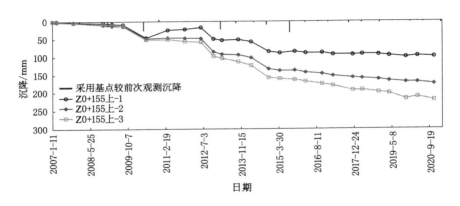

图 2-20　左岸上游 0＋155 断面堤防累积垂直位移过程线（原始数据）

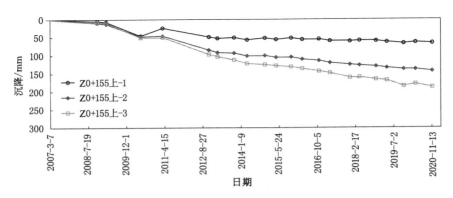

图 2-21　左岸上游 0＋155 断面堤防累积垂直位移过程线（摘选修正数据）

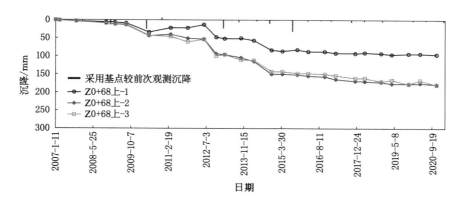

图 2-22   左岸上游 0+68 断面堤防累积垂直位移过程线(原始数据)

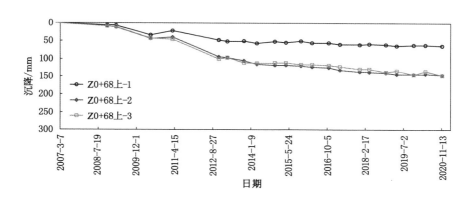

图 2-23   左岸上游 0+68 断面堤防累积垂直位移过程线(摘选修正数据)

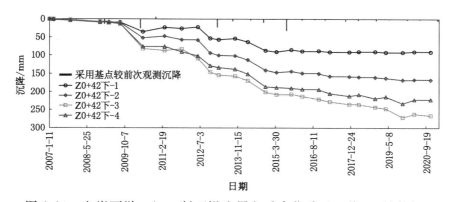

图 2-24   左岸下游 0+42 断面堤防累积垂直位移过程线(原始数据)

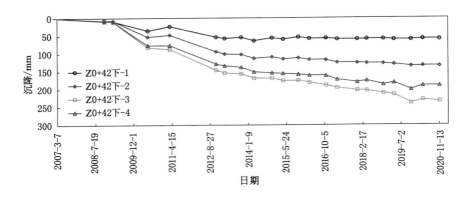

图 2-25 左岸下游 0+42 断面堤防累积垂直位移过程线（摘选修正数据）

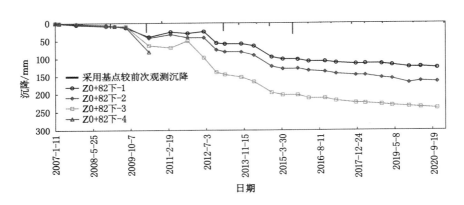

图 2-26 左岸下游 0+82 断面堤防累积垂直位移过程线（原始数据）

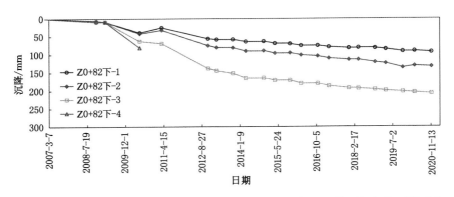

图 2-27 左岸下游 0+82 断面堤防累积垂直位移过程线（摘选修正数据）

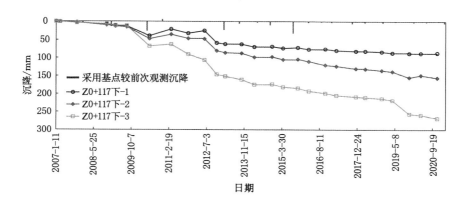

图 2-28　左岸下游 0+117 断面堤防累积垂直位移过程线（原始数据）

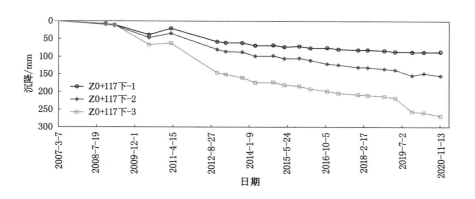

图 2-29　左岸下游 0+117 断面堤防累积垂直位移过程线（摘选修正数据）

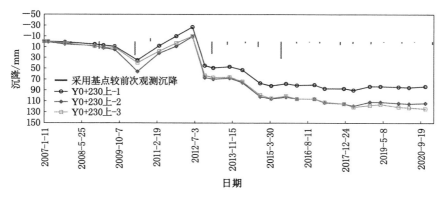

图 2-30　右岸上游 0+230 断面堤防累积垂直位移过程线（原始数据）

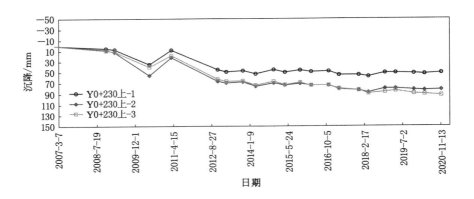

图 2-31　右岸上游 0＋230 断面堤防累积垂直位移过程线（摘选修正数据）

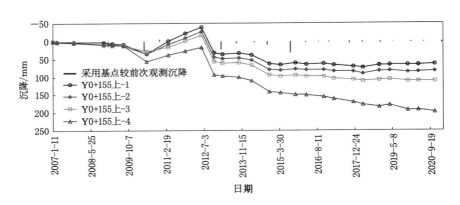

图 2-32　右岸上游 0＋155 断面堤防累积垂直位移过程线（原始数据）

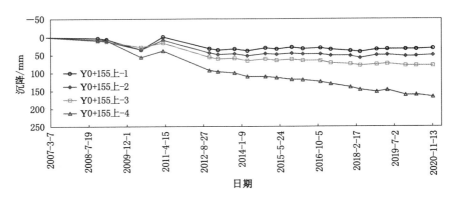

图 2-33　右岸上游 0＋155 断面堤防累积垂直位移过程线（摘选修正数据）

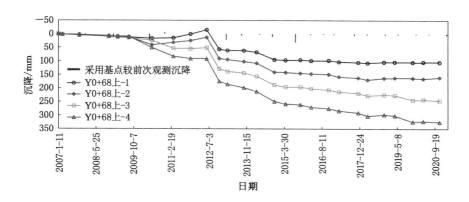

图 2-34　右岸上游 0＋68 断面堤防累积垂直位移过程线（原始数据）

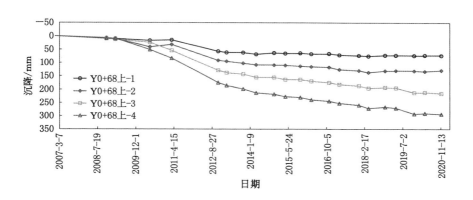

图 2-35　右岸上游 0＋68 断面堤防累积垂直位移过程线（摘选修正数据）

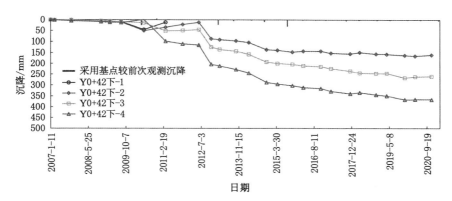

图 2-36　右岸下游 0＋42 断面堤防累积垂直位移过程线（原始数据）

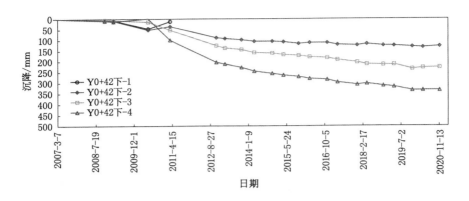

图 2-37　右岸下游 0+42 断面堤防累积垂直位移过程线(摘选修正数据)

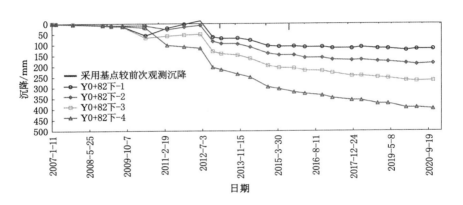

图 2-38　右岸下游 0+82 断面堤防累积垂直位移过程线(原始数据)

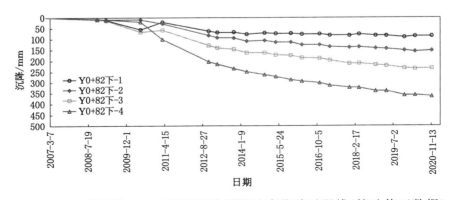

图 2-39　右岸下游 0+82 断面堤防累积垂直位移过程线(摘选修正数据)

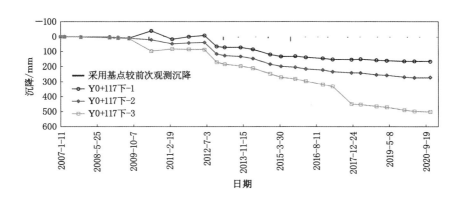

图 2-40 右岸下游 0＋117 断面堤防累积垂直位移过程线（原始数据）

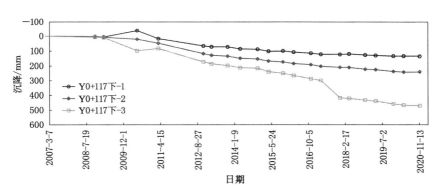

图 2-41 右岸下游 0＋117 断面堤防累积垂直位移过程线（摘选修正数据）

定,堤防沉降符合一般规律。

（2）越靠近闸室堤防沉降越小,越靠外侧堤防沉降越大。最大累积沉降达 470.40 mm,位于右岸堤防 0＋117 断面最外侧,该测点实际在 2017 年受景观巨石布置影响下沉了约 100.00 mm,实际断面最大沉降应在 400.00 mm以内。整体沉降分布围绕闸室呈中心辐射状,表明堤防沉降不仅受建闸影响,更多来自闸址周围兴建房屋及下游长江水流带动沉降,这也侧面证明闸底板灌注桩质量较好,有效防止了大的沉降。

（3）闸室上游侧堤防沉降约为下游侧堤防沉降的一半,表明下游长江水流下切带动沉降影响显著。

（4）闸室左岸堤防沉降约为右岸堤防沉降的一半。

建议继续密切关注闸室周围的堤防沉降，若沉降持续发展，应采取必要处理措施。

2.2 水平位移

在闸室下游侧、每个闸墩顶部各布设 1 个水平位移测点，共设 4 个水平位移测点，编号分别为 sp1～sp4。闸室水平位移测点具体布置见图 2-42。水平位移工作基点高程考证见表 2-2。

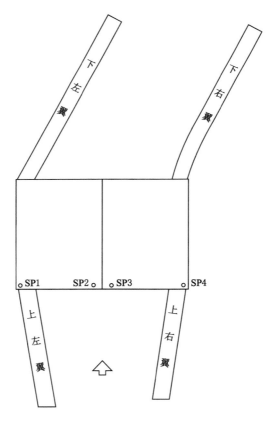

图 2-42　闸室水平位移测点布置图

表 2-2 水平位移工作基点高程考证

日期	基点			
	E003		E004	
	X/m	Y/m	X/m	Y/m
2007-10-1	150 316.334	124 821.691	150 447.923	124 854.698
2016-10-1	150 316.313	124 821.606	150 447.958	124 854.592
2017-3-1	150 316.313	124 821.606	150 447.958	124 854.592
2017-10-1	150 316.313	124 821.606	150 447.936	124 854.605
2018-3-1	150 316.313	124 821.606	150 447.946	124 854.610
2018-10-1	150 316.313	124 821.606	150 447.989	124 854.632
2019-3-1	150 316.313	124 821.606	150 447.922	124 854.635
2019-10-1	150 316.313	124 821.606	150 447.946	124 854.610
2020-3-1	150 316.336	124 821.629	150 447.934	124 854.641
2020-10-1	150 316.359	124 821.637	150 447.928	124 854.630

定义以纬线方向为 X 轴,向西为正;以经线方向为 Y 轴,向南为正。若将其转换为水闸方向的局部坐标系,以顺水流方向为 X' 轴,向下游为正;以垂直水流方向为 Y' 轴,左岸为正,则有:

$$X' = X\sin76° + Y\cos76°$$
$$Y' = Y\sin76° - X\cos76°$$

为方便分析,以下图表、数据、分析等均将测值转换为水闸方向的局部坐标系。2007 年至 2020 年闸室各部位累积水平位移过程线见图 2-43、图 2-44。

由水平位移观测资料分析可得如下结论。

(1) 总体而言,闸室水平位移较小,垂直水流向 2018 年以后基本稳定,顺水流向 2015 年以后基本稳定,水平位移变化符合一般规律,位移大小在安全范围以内。

(2) 闸室垂直水流方向位移指向右岸,与下游长江水流方向一致。考虑到 2012 年基点变动的影响,若消除 2012 年 6 月与 2012 年 11 月测值的误

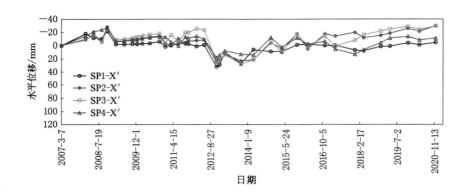

图 2-43   闸室垂直水流方向累积水平位移过程线

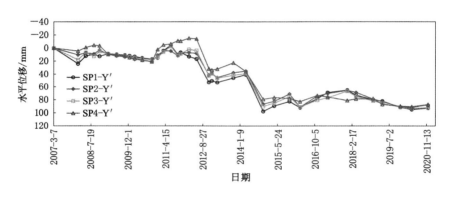

图 2-44   闸室顺水流方向累积水平位移过程线

差,则闸室垂直水流方向位移基本一直向右岸发展,这可能与受下游长江水流推动影响有关。目前最大位移 30.00 mm,指向右岸。若不计 2012 年测值,则最大位移为 78.00 mm,指向右岸。总体来看,垂直水流方向位移应处于缓慢向右岸发展阶段,现状位移较小。累积位移在过程中呈现出周期性的波动,10 月、11 月测值相对指向右岸,3 月、4 月测值相对指向左岸,这反映出受上下游周期性的水位差影响,闸室左、右岸受力不完全对称,在累积位移过程中便呈现出周期性的波动。

（3）闸室顺水流方向位移指向下游,目前最大位移为 98.00 mm。考虑到 2012 年基点变动(约影响 36.00 mm)及 2014 年引据点变化(约影响54.00

mm)的影响,若消除 2012 年 6 月与 2012 年 11 月之间以及 2014 年 3 月与 2014 年 11 月之间测值的误差,则闸室顺水流方向最大位移约为 8.00 mm, 基本稳定,位移较小。

2.3 河床断面冲淤

在闸区河道共设计 11 个河床测量断面,其中闸上游设计 6 个测量断面, 编号分别为 C.S.1 上～ C.S.6 上;闸下游设计 5 个测量断面,编号分别为 C.S.1 下～ C.S.5 下。河道测量断面布置见图 2-45,河道断面桩顶高程考 证见表 2-3。

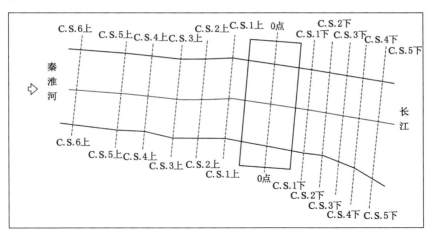

图 2-45 河道测量断面布置

南京市三汊河河口闸工程上游河道观测断面 6 个,下游河道观测断面 5 个。每一年度河道断面测量均采用 GPS 定位与自动测深仪观测,并采用 三角网法进行河道断面冲淤量精确计算。

2019 年 12 月 4 日至 2020 年 3 月 23 日,上游冲刷 1 200.00 m³,下游淤积 196.00 m³。2020 年 3 月 23 日至 2020 年 10 月 20 日,上游淤积 730.00 m³,下 游淤积 1 861.00 m³。自 2007 年 5 月起,上游累计冲刷 1 680.00 m³,下游累计

淤积 3 973.00 m³。从数据及河道断面比较图来看,河道地形变化不大,冲淤情况正常,具体数据见表 2-4。

表 2-3　南京市三汊河河口闸工程河道断面桩顶高程考证

断面编号	里程桩号	位置	埋设日期	观测日期	桩顶高程/m		断面宽/m
					左岸	右岸	
C.S.1 下	0+040	左岸	2007-5-10	2020-11-30	11.618		172.4
		右岸	2007-5-10	2020-11-30		9.768	172.4
		左基	2007-5-10	2020-11-30	7.879		
		右基	2007-5-10	2020-11-30		8.202	
C.S.2 下	0+060	左岸	2007-5-10	2020-11-30	11.214		178.5
		右岸	2007-5-10	2020-11-30		9.947	178.5
		左基	2007-5-10	2020-11-30	7.935		
		右基	2007-5-10	2020-11-30		8.162	
C.S.3 下	0+080	左岸	2014-11-2	2020-11-30	11.324		186.6
		右岸	2007-5-10	2020-11-30		9.947	186.6
		左基	2014-11-2	2020-11-30	8.281		
		右基	2007-5-10	2020-11-30		7.835	
C.S.4 下	0+98	左岸	2014-11-2	2020-11-30	11.000		193.1
		右岸	2007-5-10	2020-11-30		10.545	193.1
		左基	2014-11-2	2020-11-30	8.109		
		右基	2007-5-10	2020-11-30		7.868	
C.S.5 下	0+120	左岸	2014-11-2	2020-11-30	11.253		202.8
		右岸	2014-11-2	2020-11-30		11.233	202.8
		左基	2014-11-2	2020-11-30	8.650		
		右基	2014-11-2	2020-11-30		8.252	
C.S.1 上	0+049	左岸	2007-5-10	2020-11-30	11.627		156.8
		右岸	2007-5-10	2020-11-30		9.910	156.8
		左基	2007-5-10	2020-11-30	11.050		
		右基	2007-5-10	2020-11-30		8.094	

表 2-3(续)

断面编号	里程桩号	位置	埋设日期	观测日期	桩顶高程/m 左岸	桩顶高程/m 右岸	断面宽/m
C.S.2 上	0+079	左岸	2007-5-10	2020-11-30	11.497		144.8
		右岸	2007-5-10	2020-11-30		10.015	144.8
		左基	2007-5-10	2020-11-30	11.407		
		右基	2007-5-10	2020-11-30		7.858	
C.S.3 上	0+107	左岸	2007-5-10	2020-11-30	11.126		137.1
		右岸	2007-5-10	2020-11-30		10.366	137.1
		左基	2007-5-10	2020-11-30	8.571		
		右基	2007-5-10	2020-11-30		7.800	
C.S.4 上	0+139	左岸	2007-5-10	2020-11-30	11.419		132.2
		右岸	2007-5-10	2020-11-30		11.205	132.2
		左基	2007-5-10	2020-11-30	9.092		
		右基	2007-5-10	2020-11-30		8.016	
C.S.5 上	0+169	左岸	2007-5-10	2020-11-30	11.180		128.6
		右岸	2007-5-10	2020-11-30		11.016	128.6
		左基	2007-5-10	2020-11-30	8.968		
		右基	2007-5-10	2020-11-30		8.016	
C.S.6 上	0+219	左岸	2007-5-10	2020-11-30	10.905		120.4
		右岸	2007-5-10	2020-11-30		10.682	120.4
		左基	2007-5-10	2020-11-30	8.606		
		右基	2007-5-10	2020-11-30		8.013	

表 2-4　南京市三汊河河口闸河床断面冲淤量对比

	标准断面容积/m³	2019年12月4日断面容积/m³	2020年3月23日断面容积/m³	间隔变化/m³	间隔冲淤情况	累计变化量/m³	累计冲淤情况
上游	51 386	52 596	53 796	1 200	冲	2 410	冲
下游	13 883	11 966	11 770	−196	淤	−2 113	淤

表 2-4（续）

	标准断面容积/m³	2020 年 3 月 23 日断面容积/m³	2020 年 10 月 20 日断面容积/m³	间隔变化/m³	间隔冲淤情况	累计变化量/m³	累计冲淤情况
上游	51 386	53 796	53 066	−730	淤	1 680	冲
下游	13 883	11 770	9 910	−1 861	淤	−3 973	淤

注：标准断面测量时间为 2007 年 5 月，2007 年之前无资料。累计变量自 2007 年 5 月计算。

2.4 闸底板扬压力

扬压力监测共设 2 个纵断面（每孔的中心线位置各 1 个，每个断面的底板下各布设 3 支渗压计，编号分别为 P1、P2、P4、P7、P8、P9），1 个横断面（在底板下布设 3 支渗压计，其中 1 支与纵断面的渗压计共用，编号分别为 P5、P2、P6）。另在一根搅拌桩的桩顶正中挖坑埋设渗压计，监测桩位处的渗透压力，编号为 P3。共设渗压计 9 支，采用美国 GEOKON 公司的 4500S 型渗压计，量程为 350 kPa。闸底板扬压力测点布置见图 2-46，闸底板扬压力过程线见图 2-47。

由扬压力观测资料分析可得如下结论。

（1）扬压力过程线总体变化较为平缓，各测点扬压力变化规律一致，扬压力过程线与长江水位曲线的波形变化存在高度相关性，水位抬高，扬压力增大；水位沉降，扬压力降低。根据相关性分析，相关系数为 0.70～0.89。扬压力测值范围总体在 28～110 kPa 之间，变化规律历年保持基本一致，无异常变化。

（2）对最大扬压力测点 P9 进行线性拟合，结果显示扬压力近年有所增加，2010 年扬压力中位值为 54 kPa，2020 年扬压力中位值为 67 kPa，增加了 24%。这与 2015 年以来下游水位较高存在高度联系，2015 年以前扬压力峰值从未达到 100 kPa，2015 年以后遇下游最高水位时，峰值均可达 100 kPa。目前，扬压力基本稳定，对闸底板扬压力应保持关注。

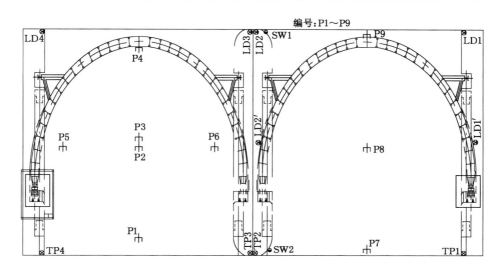

图 2-46 闸底板扬压力测点布置

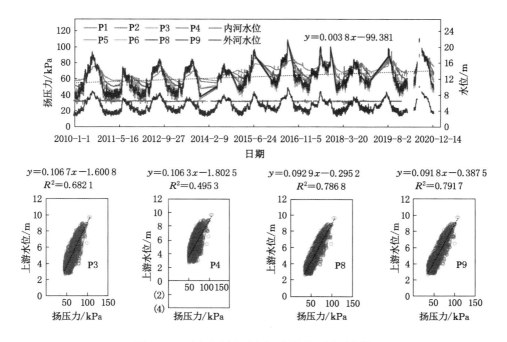

图 2-47 闸底板扬压力过程线及相关性

2.5　闸底板基底土压力

基底土压力监测与扬压力监测成对布置。在左闸孔扬压力监测纵断面的每个渗压计边,布置 2 支土压力计,其中 1 支布置在地基土中(编号分别为 E1、E3、E5),另外 1 支布置在混凝土搅拌桩顶(编号分别为 E2、E4、E6)。共设土压力计 6 支,采用南京电力自动化设备厂的 YUB-4 型土压力计,量程为 400 kPa。闸底板基底土压力测点布置见图 2-48,闸底板基底土压力过程线见图 2-49。

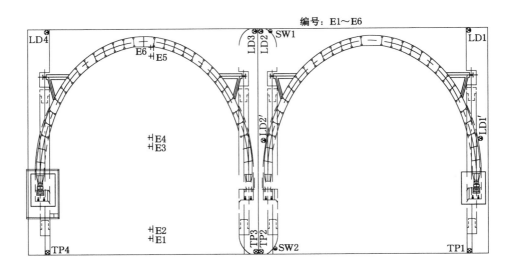

图 2-48　闸底板基底土压力测点布置

由基底土压力观测资料分析可得如下结论。

(1) 土压力过程线总体变化较为平缓,各测点土压力变化规律一致,土压力过程线与长江水位曲线的波形变化存在高度相关性,水位抬高,土压力增加;水位降低,土压力减小,闸底板中部相关性可达 0.86。土压力测值范围总体在 39～127 kPa 之间,变化规律历年保持基本一致,无异常变化。

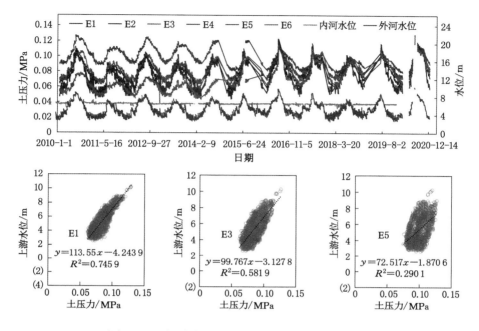

图 2-49 闸底板基底土压力过程线及相关性

（2）各测点土压力测值有由分散向集中变化的趋势，这反映出闸底板基底土体正在固结，土压力趋于一致稳定。

2.6 灌注桩桩顶压力

设置 1 个横断面，在边墩和中墩位置的灌注桩桩顶布置压应力计。共设 4 支压应力计，编号分别为 C1～C4，采用美国 GEOKON 公司的 GK-NAT 型应力计。灌注桩桩顶压力测点布置见图 2-50；灌注桩桩顶压力过程线见图 2-51，以压为正、拉为负。

由灌注桩桩顶压力观测资料分析可得如下结论。

（1）灌注桩桩顶压力过程线总体变化较为平缓，各测点压力变化规律一致，灌注桩桩顶压力过程线与长江水位曲线的波形变化相关系数为 0.46～

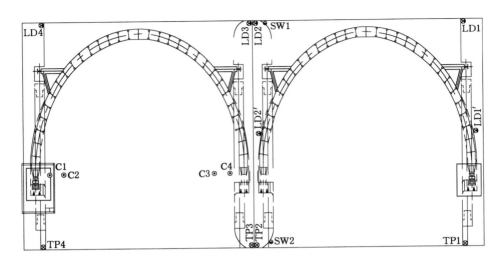

图 2-50　灌注桩桩顶压力测点布置

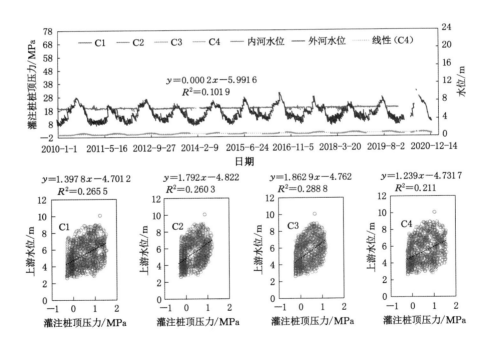

图 2-51　灌注桩桩顶压力过程线及相关性

0.54,相关性一般,水位抬高,压力增大;水位降低,压力减小。灌注桩桩顶压力测值范围总体在一0.315～1.577 MPa之间,变化规律历年保持基本一致,无异常变化。

(2)中墩压力测值略高于边墩压力测值,符合灌注桩桩顶压力一般规律。

(3)根据趋势线分析,各测点测值2015年以后有所抬升,目前已基本处于压应力状态。最大值在2017年以后基本稳定,反映出闸底板基础趋于稳定。

2.7　无应力应变

在闸底板中墩位置上、下游侧面层和底层设置4个无应力计,编号分别为N1～N4。无应力应变测点布置见图2-52,无应力应变过程线见图2-53。

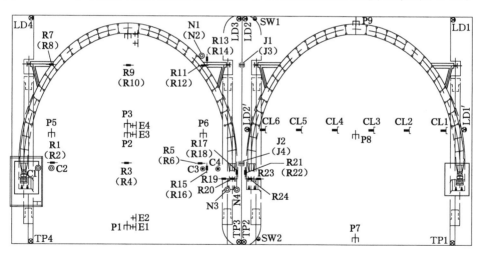

图 2-52　无应力应变测点布置

由于无应力应变监测无初始参照对应,仅从变化趋势上来看,变化过程较为平缓,绝对值正逐步减小,变化规律历年保持基本一致,无异常变化。

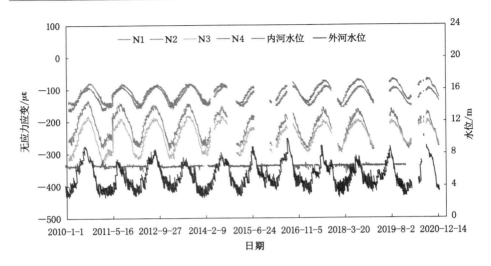

图 2-53　无应力应变过程线

2.8　闸底板钢筋应力

在左闸孔的底板上共设 2 个监测横断面、1 个监测纵断面。每个横断面在靠边墩、孔中心及中墩位置各设 1 个点,每个点在底层及面层钢筋上各安装 1 支钢筋计,编号分别为 R1~R12;纵断面设在左闸孔靠中墩位置,设 2 个点,选在与横断面交错的位置,每个点在底层及面层钢筋上各安装 1 支钢筋计,编号分别为 R13~R16。共设 16 支钢筋计,采用南京电力自动化设备厂的 KL 型钢筋计,量程为:拉应力 200 MPa,压应力 100 MPa。在 R13、R14 钢筋计位置各设置 1 支无应力计,监测混凝土随时间、温度等因素而产生的变形,进而在钢筋应力值计算中予以修正。无应力计编号分别为 N1、N2,采用南京电力自动化设备厂的 DI-10 型无应力计,量程为:压缩应变 1 500 $\mu\varepsilon$,拉伸应变 1 000 $\mu\varepsilon$。闸底板弯矩见图 2-54。闸底板钢筋应力测点布置见图 2-55,闸底板钢筋应力过程线见图 2-56~图 2-58,以拉应力为正、压应力为负。

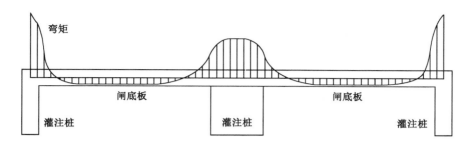

图 2-54　闸底板弯矩

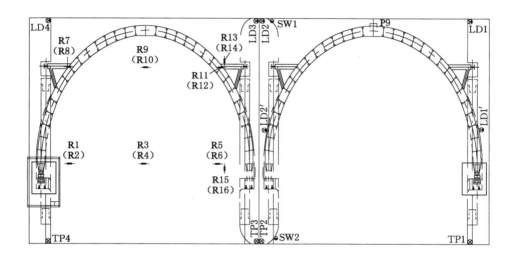

图 2-55　闸底板钢筋应力测点布置

由闸底板钢筋应力观测资料分析可得如下结论。

（1）总体来看，闸底板钢筋应力过程线变化较为平缓，各测点间应力变化规律一致；闸底板钢筋应力水位抬高，拉应力增加；水位降低，拉应力减小。最大拉应力发生在测点 7，为 30.046 MPa；最大压应力发生在测点 12，为 42.378 MPa，均低于钢筋容许应力。钢筋应力变化规律历年保持基本一致，无异常变化。

（2）若排除整体压应力影响，边墩及中墩处闸底板面层（R1、R5、R7、R11）受拉，底层（R2、R6、R8、R12）受压，闸底板弯矩指向上。孔中心处闸底板底层、面层拉压应力随水位交替，这说明此处弯矩较小，因此弯矩分布沿

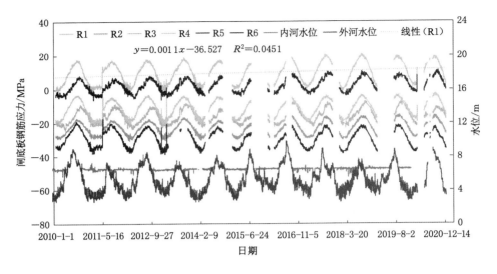

图 2-56　横断面 1 闸底板钢筋应力过程线

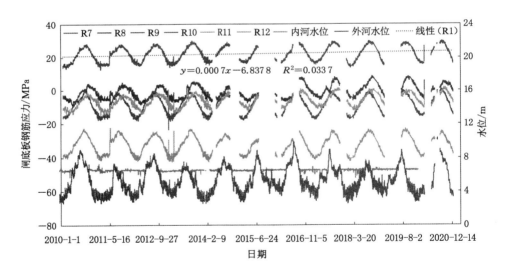

图 2-57　横断面 2 闸底板钢筋应力过程线

闸室布置方向呈两驼峰状。水闸工程沿闸室方向可简化为两跨固定支座梁,弯矩与应力分布符合一般规律。

（3）中墩的纵向钢筋应力水平低于横向钢筋应力水平,弯矩也指向上。

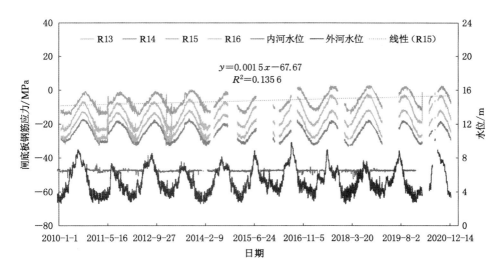

图 2-58　纵断面闸底板钢筋应力过程线

（4）根据趋势线分析，各测点测值缓慢抬升，在 2017 年以后基本稳定，这反映出闸底板钢筋应力变化趋于稳定。

2.9　闸墩门支铰处的钢筋应力

在两个中墩支铰处的横向、纵向各设测点，每个中墩设置 4 个测点，共设置 8 个测点，编号分别为 R17～R24。每个测点均安装美国 GEOKON 公司的 VK-4100 型点焊式应变计，量程为 2 500 $\mu\varepsilon$。在每个中墩内设 1 支无应力计，监测混凝土随时间、温度等因素变化而产生的变形，进而在钢筋应力值计算中予以修正。无应力计编号分别为 N3、N4，采用南京电力自动化设备厂的 WYL-10 型无应力计，量程为：压缩应变 1 500 $\mu\varepsilon$，拉伸应变 1 000 $\mu\varepsilon$。2016 年检测时发现，R17～R22 共 6 支仪器已损坏。闸墩门支铰处的钢筋应力测点布置见图 2-59；闸墩门支铰处的钢筋应力过程线见图 2-60，拉应力为正、压应力为负。

由于 R18、R22 测值明显超出正常范围，但测值变化规律与其余测点基

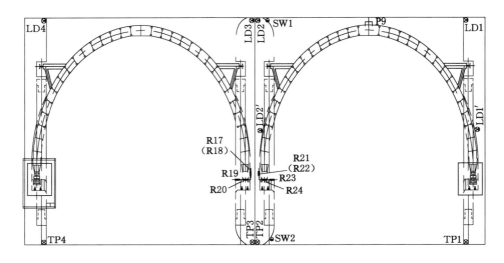

图 2-59　闸墩门支铰处的钢筋应力测点布置

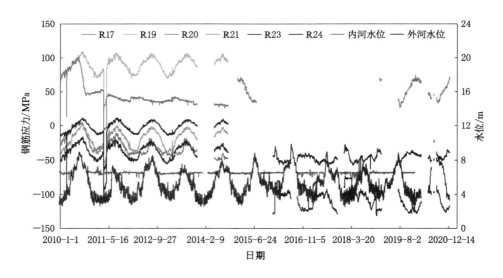

图 2-60　闸墩门支铰处的钢筋应力过程线

本一致,因此测值问题应为参数设定不正确导致,其余测点在 2014 年以后均损坏,数据缺失或无效。根据 2014 年以前测值来看,闸墩门支铰处的钢筋应力总体变化平稳,随长江水位涨落而增加或减小,应力变化符合一般规律。

R19、R20 为拉应力,最大值约为 100 MPa;其余测点大部分为压应力,最大值约为 50 MPa。总体看来,钢筋的应力变化小,在结构能承受的范围之内。

2.10 闸底板不均匀沉降

水闸闸门的单孔跨度较大,为保证闸门的安全运行,必须控制闸底板的不均匀沉降,故在右闸孔的底板上取 1 个监测横断面。在底板内,每隔一定距离布置 1 支电水平仪,通过倾斜来监测底板的不均匀沉降和挠度。共设 6 支电水平仪,编号分别为 CL1~CL6,采用加拿大 ROCTEST 公司的 801-S/T 电水平仪,量程为 ±3°。闸底板不均匀沉降测点布置见图 2-61,闸底板不均匀沉降过程线见图 2-62。

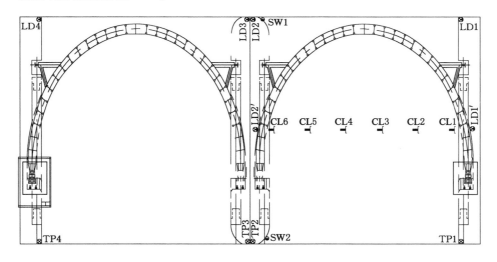

图 2-61 闸底板不均匀沉降测点布置

2014 年开始发现有测点数值异常,推测为仪器故障,至 2016 年,底板不均匀沉降仪器已全部失效,观测数据结果无效。

依据 2014 年以前的不均匀沉降数据,并结合闸底板垂直位移观测资料分析来看,底板不均匀沉降很小,变化稳定。

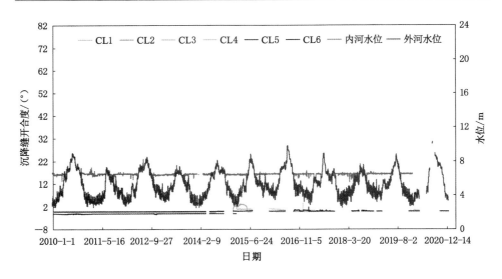

图 2-62　闸底板不均匀沉降过程线

2.11　闸底板伸缩缝开合度

　　闸室底板及中墩在分缝处,在 2 个位置、2 个高程面各布置 1 支测缝计,共设 4 支测缝,编号分别为 J1~J4,J1、J2 在上部,J3、J4 在下部。采用南京电力自动化设备厂的 CF-12 型测缝计,量程为:拉开合度 12 mm,压开合度 1 mm。闸底板伸缩缝开合度测点布置见图 2-63,闸底板伸缩缝开合度过程线见图 2-64。

　　根据 2016 年检测,4 支仪器传感器绝缘电阻低,导致测值不准确,目前已不对该部分数据进行整编。

　　就已有资料来看,4 支传感器历年测值变化规律是基本一致的,除了较多断续外,测值基本正常;伸缩缝开合度上部测点(J1、J2)与下部测点(J3、J4)规律相反,水位抬高,上部测点开合度减小,下部测点开合度增加;水位降低,上部测点开合度增加,下部测点开合度减小。这反映出闸室随水位变化存在横河向的周期性偏转。最大开合度为 3.396 mm,开合度较小,开合度无异常变化。

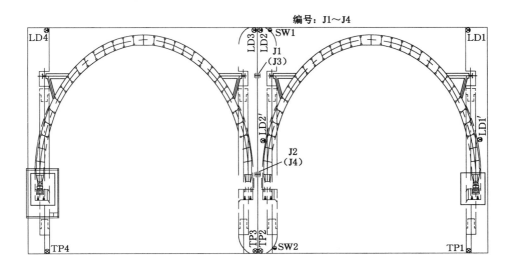

图 2-63　闸底板伸缩缝开合度测点布置

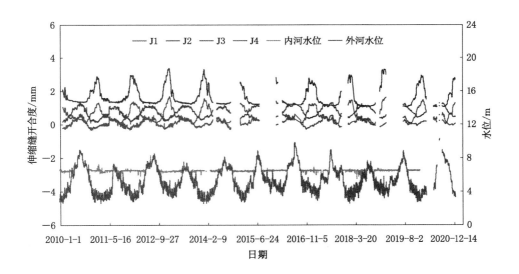

图 2-64　闸底板伸缩缝开合度过程线

2.12　上、下游水位

　　在上、下游的左、右侧翼墙（靠近闸室）迎水面上各安装 1 组水尺,监测上、下游水位,共设 4 组水尺,编号分别为 SC1～SC4。在左边墩的内、外侧端头迎水面上,各安装 1 套自记水位计。采用美国 GEOKON 公司的 4500ALV 型高精度渗压计,量程为 70 kPa。上下游水位过程线见图 2-65。由图 2-65 可知,上游秦淮河景观水位保持稳定,下游长江水位年际间变化基本保持稳定。

2.13　运行观测资料综合分析

　　建闸迄今观测（监测）资料成果显示,三汊河河口闸垂直位移在设计允许范围内,闸室垂直位移在 2014 年以后趋于稳定,堤顶垂直位移在 2018 年以后基本稳定。水平位移较小,在安全范围内。闸上游河床累计冲刷 1 680 m³,下游累计淤积 3 973 m³,冲淤情况正常,符合客观实际。底板扬压力变化过程与下游水位或长江潮位变化基本一致,自 2015 年以后有所增加,目前基本稳定,应保持关注。地基反力已基本稳定,变化过程线与长江水位变化有一定的关联,呈小幅波动,各测点土压力测值有由分散向集中变化的趋势,这反映出闸底板基底土体正在固结,土压力趋于稳定。灌注桩顶压力总体变化平缓,各测点测值缓慢抬升,目前已基本处于压应力状态,最大值在 2017 年以后基本稳定,这反映出闸底板基础趋于稳定。无应力应变从变化趋势上来看,变化过程较为平缓,绝对值正逐步减小,变化规律历年保持基本一致,无异常变化。底板钢筋应力变化规律历年保持基本一致,无异常变化,弯矩与应力分布符合一般规律,最大应力小于钢筋的容许应力,钢筋应力变化在结构可承受范围内,对结构安全不会造成影响,闸底板钢筋应力变化目前趋于稳定。依据 2014 年以前的不均匀沉降数据,并结合闸底板垂直位移观测资料分析来看,底板不均匀沉降很小,变化稳定;底板、墩墙间缝宽变化幅度不大,不会对水闸主体结构安全产生不利影响。根据监测成果综合分析,三汊河河口闸总体处于安全、稳定的运行状态。

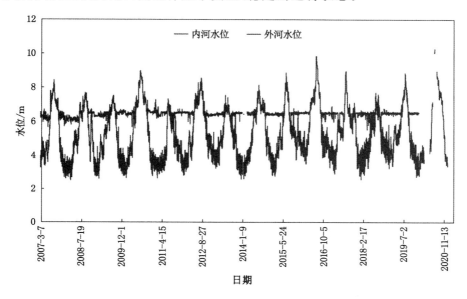

图 2-65　上、下游水位过程线

3 河道冲淤水动力数值仿真分析

3.1 水文气象

3.1.1 长江流域水文气象概述

长江流域位于东亚副热带季风区,大部分地区地区属亚热带,小部分地区属高原气候。河流以雨水补给为主。流域雨量丰沛,集水面积大,水量很大。干支流的流量过程线基本随着各时期的降雨量的大小而变化,很明显分为平水期和枯水期,干流上游金沙江来水稳定、枯水流量也比较大;宜宾至宜昌间先后纳入岷江、沱江、嘉陵江、乌江等主要支流及区间来水,流量增加很多,虽经河槽调蓄,但洪峰流量仍很大;宜昌以下纳入清江来水,经松滋、太平、藕池分流入洞庭湖,加上汛期较早的湘江、资水、沅江、澧水四水入汇,经洞庭湖出口站城陵矶的峰形平缓肥大,历时一般达 5 个月左右。至汉口有汉江加入,流量更大。汉口以下有倒水、举水、巴水、稀水等入汇至江西湖口,又有赣江、抚河、信江、饶河、修水诸水经鄱阳湖调节后注入长江,至大通峰形更大、历时更长,大通以下受潮汐影响流量变化复杂。

长江流域的水文观测较早,随着测站、水文站、水位站、雨量站的逐渐建立,形成的径流实验站、蒸发实验站等实验研究站网,基本上满足了收集水文基本资料的需要。长江洪水主要由暴雨形成,5—10月为洪水期;一般7—8月雨水量最大,为主汛期。位于南京上游约210.00 km的大通水文站附近为长江下游感潮河段与非感潮河段的分界点。

3.1.2 长江南京段水位流量成果

长江南京河段设有南京水文站、下关码头观测站,此外在进行长江南京河段二期河道整治工程的过程中,对南京河段增设了3个水文观测断面,提升了长江南京河段水文监测密度,丰富了该河段的水文资料。

长江南京潮位站位于南京市下关唐山路,位置为东经118°43′,北纬32°5′,潮位资料比较丰富。长江南京段潮位特征,水位主要受南京市上游流量(代表站大通),下游吴淞口天文潮、风暴潮以及周边排水影响,每天呈两高两低涨落潮过程。根据南京站历年潮位资料统计分析,最高潮位为10.39 m,出现时间为2020年7月21日;最低潮位为1.54 m,出现时间为1956年1月9日。多年平均高、低潮差为0.53 m,最大潮差为1.56 m,最小潮差为0.00 m。

长江干支流的最高水位受洪水径流的影响,上游地区最高水位一般出现在6—8月,中下游支流控制站最高水位一般出现在4—6月。由于中下游各支流控制站河道断面宽浅,比降平缓,水位变幅一般比较小。因为整个中下游地区属于丘陵平原,相对高差小,河道比降不大,各控制站的水位往往受干流及湖泊水位的顶托的影响。

3.1.3 河口闸上游来水流量分析

秦淮河属于北亚热带至中亚热带的过渡地带,四季分明,气候温和,因为受季风环流的支配,每年季风出现的时间和强弱不同,使年际、季际的降雨量出现明显差异。

秦淮河流域气候温暖湿润,雨量充沛,流域水资源量主要由降水补给,多年平均降水量为1 036.70 mm,流域水资源量主要由降水补给,多年平均地表径流量为10.10亿 m³,多年平均径流系数为0.32。秦淮河流域在时空上的变化与境内降水的年内分配、年际变化和地区分布基本吻合。径流量年内分配不均,流域汛期(5—9 月)径流量占全年的 $60\% \sim 70\%$;12 月地表径流量很小,很多支流出现断流现象。径流量年际变化大,丰水年($P=20\%$)径流量(14.89 亿 m^3)约为特枯年($P=95\%$)径流量的(4.69 亿 m^3)的 3.2 倍。

3.2 河道冲淤数值模型

水闸的水动力特性受多种因素的影响,科学选取计算模型并确定合理的计算参数,是获得可靠数值模拟结果的基础。

本节首先简要介绍水闸水动力数值模拟的理论与方法;然后结合河口闸工程的特点,详细描述河口闸水动力数值模型的建立过程;再通过与模型试验资料进行对比,确定计算参数的取值,为河口闸单孔泄流的水动力分析提供数值基础;最后结合河口闸冲淤分析的需求,介绍不同类型泥沙冲刷的相关研究成果,给出不同类型泥沙冲刷的起动流速计算公式。

3.2.1 工程大范围水动力特性计算原理和方法

3.2.1.1 控制方程

在水平方向上,使用正交曲线坐标。在垂直方向上,选用 σ 坐标系。σ 坐标系是菲利普(Phillips)(1957)在海洋模型中提出的。在 σ-网格中,σ 平面是沿着底部地形和自由表面的曲线平面,垂直网格由两个 σ 平面所包围的立体组成,由于 σ 网格既适用于底部,也适用于自由表面,因此可以获得平滑的地形。σ-网格的优势在于整个水平计算区域的层数与当地的水深无关,为恒定的常数,相对层的厚度一般呈不均匀分布。这种结构决定了在模型构建时可以选定区域获得更高的分辨率,例如在模拟水面区域(风力驱动的流动、海面与大气的热交换)和底部区域(泥沙运输)时,可以细化重点区域,方便后期的结果分析。

（1）连续方程

不可压缩流体（$\nabla \cdot \vec{u} = 0$）的连续方程如下：

$$\frac{\partial \zeta}{\partial t} + \frac{1}{\sqrt{G_\xi}\ \sqrt{G_\eta}} \frac{\partial((d+\zeta)u\ \sqrt{G_\eta})}{\partial \xi} + \frac{1}{\sqrt{G_\xi}\ \sqrt{G_\eta}} \frac{\partial((d+\zeta)v\ \sqrt{G_\xi})}{\partial \eta} + \frac{\partial \omega}{\partial \sigma}$$

$$= (d+\zeta)(q_{in} - q_{out}) + P - E \tag{3-1}$$

式中　ζ——参照面以上的自由表面高度；

　　　d——参照面以下的水深；

　　　t——时间；

　　　$\sqrt{G_\xi}$、$\sqrt{G_\eta}$——坐标转换系数；

　　　u、v、ω——ξ、η、σ方向上的流速；

　　　q_{in}、q_{out}——每个单元水体的源、汇项；

　　　P——降水；

　　　E——蒸发。

通过连续方程可以计算垂向流速 w：

$$w = \omega + \frac{1}{\sqrt{G_\xi}\ \sqrt{G_\eta}}\left[u\ \sqrt{G_\eta}\left(\sigma\frac{\partial H}{\partial \xi} + \frac{\partial \zeta}{\partial \xi}\right) + v\ \sqrt{G_\xi}\left(\sigma\frac{\partial H}{\partial \eta} + \frac{\partial \zeta}{\partial \eta}\right)\right] + \left(\sigma\frac{\partial H}{\partial t} + \frac{\partial \zeta}{\partial t}\right)$$

$$\tag{3-2}$$

式中　H——总水深。

（2）动量方程

ξ, η 方向的动量方程如下：

$$\frac{\partial u}{\partial t} + \frac{u}{\sqrt{G_\xi}}\frac{\partial u}{\partial \xi} + \frac{v}{\sqrt{G_\eta}}\frac{\partial u}{\partial \eta} + \frac{\omega}{d+\zeta}\frac{\partial u}{\partial \sigma} - \frac{v^2}{\sqrt{G_\xi}\ \sqrt{G_\eta}}\frac{\partial \sqrt{G_\eta}}{\partial \xi} +$$

$$\frac{uv}{\sqrt{G_\xi}\ \sqrt{G_\eta}}\frac{\partial \sqrt{G_\xi}}{\partial \eta} - fv = -\frac{1}{\rho_0\sqrt{G_\xi}}P_\xi + F_\xi + \frac{1}{(d+\zeta)^2}\frac{\partial}{\partial \sigma}\left(\nu_V\frac{\partial u}{\partial \sigma}\right) + M_\xi$$

$$\tag{3-3}$$

$$\frac{\partial v}{\partial t} + \frac{u}{\sqrt{G_\xi}}\frac{\partial v}{\partial \xi} + \frac{v}{\sqrt{G_\eta}}\frac{\partial v}{\partial \eta} + \frac{\omega}{d+\zeta}\frac{\partial v}{\partial \sigma} + \frac{uv}{\sqrt{G_\xi}\ \sqrt{G_\eta}}\frac{\partial \sqrt{G_\eta}}{\partial \xi} -$$

$$\frac{u^2}{\sqrt{G_{\xi\xi}}\sqrt{G_{\eta\eta}}}\frac{\partial\sqrt{G_{\xi\xi}}}{\partial\eta} + fu = -\frac{1}{\rho_0\sqrt{G_{\eta\eta}}}P_{\eta} + F_{\eta} + \frac{1}{(d+\zeta)^2}\frac{\partial}{\partial\sigma}\left(\nu_V\frac{\partial v}{\partial\sigma}\right) + M_{\eta}$$

$$(3\text{-}4)$$

式中 ρ_0——水体密度,除了斜压项,忽略密度的变化;

P_{ξ}、P_{η}——ξ、η 方向上的静水压力梯度;

F_{ξ}、F_{η}——ξ、η 方向上的紊动动量通量;

ν_V——垂向涡动黏性系数;

M_{ξ}、M_{η}——ξ、η 方向上源或汇的动量分量。

科氏力系数 f 取决于地理纬度 φ 和地球自转角速度 Ω:

$$f = 2\Omega\sin\varphi \tag{3-5}$$

静水压力梯度 P_{ξ}、P_{η} 分别为:

$$P_{\xi} = \rho_0 g\frac{\partial\zeta}{\partial\xi} + gH\int_{\sigma}^{0}\left(\frac{\partial\rho}{\partial\xi} + \frac{\partial\rho}{\partial\sigma}\frac{\partial\sigma}{\partial\xi}\right)\mathrm{d}\sigma' \tag{3-6}$$

$$P_{\eta} = \rho_0 g\frac{\partial\zeta}{\partial\eta} + gH\int_{\sigma}^{0}\left(\frac{\partial\rho}{\partial\eta} + \frac{\partial\rho}{\partial\sigma}\frac{\partial\sigma}{\partial\eta}\right)\mathrm{d}\sigma' \tag{3-7}$$

水平动量方程中的力 F_{ξ} 和 F_{η} 分别为:

$$F_{\xi} = \frac{1}{\sqrt{G_{\xi\xi}}}\frac{\partial\tau_{\xi\xi}}{\partial\xi} + \frac{1}{\sqrt{G_{\eta\eta}}}\frac{\partial\tau_{\xi\eta}}{\partial\eta} \tag{3-8}$$

$$F_{\eta} = \frac{1}{\sqrt{G_{\xi\xi}}}\frac{\partial\tau_{\eta\xi}}{\partial\xi} + \frac{1}{\sqrt{G_{\eta\eta}}}\frac{\partial\tau_{\eta\eta}}{\partial\eta} \tag{3-9}$$

式中 $\tau_{\xi\xi}$、$\tau_{\xi\eta}$、$\tau_{\eta\xi}$、$\tau_{\eta\eta}$——剪切应力。

3.2.1.2 紊流模型

紊流模型采用 k-ε 紊流模型。该模型是二阶紊流封闭模型,紊动动能 k 和紊动动能耗散率 ε 均通过输运方程来计算。根据 k 和 ε 可以确定混合长 L 和黏性系数。

$$\frac{\partial k}{\partial t} + \frac{u}{\sqrt{G_{\xi\xi}}}\frac{\partial k}{\partial\xi} + \frac{v}{\sqrt{G_{\eta\eta}}}\frac{\partial k}{\partial\eta} + w\frac{\partial k}{\partial z} = \frac{\partial}{\partial z}\left(D_k\frac{\partial k}{\partial z}\right) + P_k + B_k - \varepsilon \tag{3-10}$$

$$\frac{\partial\varepsilon}{\partial t} + \frac{u}{\sqrt{G_{\xi\xi}}}\frac{\partial\varepsilon}{\partial\xi} + \frac{v}{\sqrt{G_{\eta\eta}}}\frac{\partial\varepsilon}{\partial\eta} + w\frac{\partial\varepsilon}{\partial z} = \frac{\partial}{\partial z}\left(D_{\varepsilon}\frac{\partial\varepsilon}{\partial z}\right) + P_{\varepsilon} + B_{\varepsilon} - c_{2\varepsilon}\frac{\varepsilon^2}{k}$$

$$(3\text{-}11)$$

$$L = c_D \frac{k \sqrt{k}}{\varepsilon} \tag{3-12}$$

式中　D_k，D_ε——与涡黏系数有关；

　　　　P_k，B_k，P_ε，B_ε——紊动动能的产生项和浮力项；

　　　　c_D——校核常数，与经验常数 c_μ 有关，$c_\mu = 0.09$，$c_D = c_\mu^{\frac{3}{4}} \approx 0.164\,3$；

　　　　$c_{2\varepsilon}$——校核常数。

3.2.1.3　边界条件

（1）初始条件

$$\begin{cases} \zeta(\xi,\eta,t)\big|_{t=0} = 0, \\ u(\xi,\eta,t)\big| = \zeta(\xi,\eta,t)\big|_{t=0} = 0 \end{cases} \tag{3-13}$$

（2）边界条件

出、入流开边界上，给定水位、流速或流量过程。固壁边界采用无滑移边界条件。

（3）计算稳定性条件

时步长和空间步长满足稳定性条件：

$$2\Delta t \sqrt{gH\left(\frac{1}{\sqrt{G_{\xi\xi}}\sqrt{G_{\xi\xi}}} + \frac{1}{\sqrt{G_{\eta\eta}}\sqrt{G_{\eta\eta}}}\right)} < 4\sqrt{2} \tag{3-14}$$

式中　Δt——时间步长。

计算溢出的稳定性条件：

$$\frac{\Delta t |u|}{\sqrt{G_{\xi\xi}}} < 2 \tag{3-15}$$

3.2.1.4　数值离散

（1）交错网格

为了离散浅水方程，变量以特殊方式排列在网格上，该模式被称为交错网格，变量的这种特殊排列称为 Arakawa C-网格。水位点（压力点）定义在（连续性）单元的中心，速度分量垂直于它们所在的网格单元面。见图 3-1。

（2）ADI 方法

ADI 方法是交替方向隐格式的有限差分方法，变量 ξ、u、v 等分别交错布

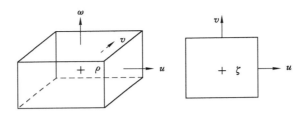

图 3-1　交错网格

置在网格的两侧或中心位置。网格的布置如图 3-2 所示。

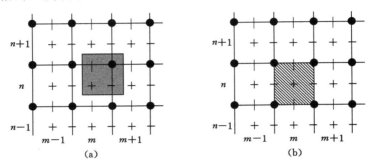

图 3-2　网格布置

ADI 方法的实质是把一个时间步 Δt 分为两个阶段:第一阶段在 ξ 方向上使用隐格式,在 η 方向上则为显格式;第二阶段在 η 方向上使用隐格式,在 ξ 方向上则为显格式。用"追赶法"对三角形系数矩阵进行求解。ADI 方法的矢量形式如下。

第一阶段:

$$\frac{U^{l+\frac{1}{2}}-U^l}{\Delta t/2}+\frac{1}{2}A_x U^{l+\frac{1}{2}}+\frac{1}{2}A_y U^l+BU^{l+\frac{1}{2}}=d \tag{3-16}$$

第二阶段:

$$\frac{U^{l+1}-U^{l+\frac{1}{2}}}{\Delta t/2}+\frac{1}{2}A_x U^{l+\frac{1}{2}}+\frac{1}{2}A_y U^{l+1}+BU^{l+1}=d \tag{3-17}$$

其中,

$$\boldsymbol{A}_x = \begin{pmatrix} 0 & -f & g\dfrac{\partial}{\partial x} \\ 0 & 0 & 0 \\ H\dfrac{\partial}{\partial x} & 0 & u\dfrac{\partial}{\partial x} \end{pmatrix}, \boldsymbol{A}_y = \begin{pmatrix} 0 & 0 & 0 \\ f & 0 & g\dfrac{\partial}{\partial y} \\ 0 & H\dfrac{\partial}{\partial y} & v\dfrac{\partial}{\partial y} \end{pmatrix} \quad (3\text{-}18)$$

$$\boldsymbol{B} = \begin{pmatrix} \lambda & 0 & 0 \\ 0 & \lambda & 0 \\ 0 & 0 & \lambda \end{pmatrix} \quad (3\text{-}19)$$

式中　λ——线性化的床面摩擦系数,为提高稳定性,每一步的床面摩擦系数均为隐式积分;

　　　d——水平对流项,风力和大气压强等外力项。

3.2.2　河口闸工程水动力数值模型的建立

首先建立河口闸工程大范围水深平均数值模型,包括外秦淮河及夹江部分江段,以全面反映外秦淮河与夹江不同水动力条件组合对河口闸区域流动特性的影响。通过与河工试验模型的对比,确定主要计算参数,为研究河口闸单孔泄流水动力特性提供数值基础。

3.2.2.1　计算区域划分

为充分考虑长江水位流量对河口闸过流特性的影响,计算区域包括外秦淮河、河口闸工程及长江。将长江纳入计算范围,还需考虑长江中潜州、江心洲所在位置对边界选取的影响。最终确定长江上游边界为河口上游约1 100.00 m处;长江下游边界为河口下游900.00 m处;外秦淮河上游边界根据实测地形资料的范围,定为河口闸轴线以上约820.00 m处,各计算边界均满足边界水流平顺条件。计算区域范围见图3-3。

长江上游入流边界被江心洲隔成左右两股,右侧为江心洲右汊,分流比为大江流量的5%;左侧为潜洲右汊,分流比为大江流量的14.25%。

本次数值模拟研究中所采用的边界条件为:长江上游入流边界为流量边界,下游出流边界为水位边界,外秦淮河边界为流量边界。

图 3-3　计算区域

3.2.2.2　计算区域网格划分

采用正交曲线网格对计算区域进行网格划分,对河口闸区域进行局部网格加密,网格划分见图 3-4。网格尺寸在 3.00～35.00 m 之间,共 182×92 个网格单元。

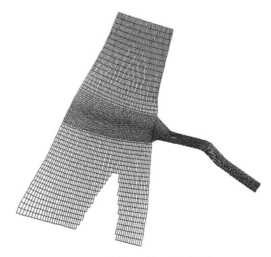

图 3-4　计算区域网格划分

3.2.2.3　计算区域地形

根据该区域地形等高线资料,统一采用吴淞高程,计算区域地形见图 3-5。外秦淮河河床高程相对较平坦,约为 1.00 m;长江河床地形则起伏较大,上游两汊道底高程为 $-8.00 \sim -9.00$ m,近右岸汊道稍低;河口下游长江底高程则呈急剧下降态势,深槽靠近右岸,槽底高程达 -30.00 m。

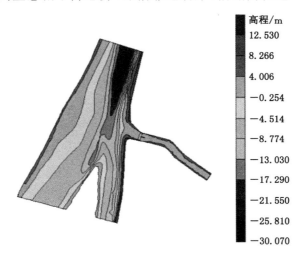

高程/m
12.530
8.266
4.006
−0.254
−4.514
−8.774
−13.030
−17.290
−21.550
−25.810
−30.070

图 3-5　计算区域地形

3.2.3　模型验证

为检验数学模型计算结果的合理性,采用河工模型试验结果验证。模拟工况为:外秦淮河上游边界设计流量为 600.00 m³/s,河口水位为 9.69 m,闸门全部开启,糙率取用河工模型的糙率 0.023。以闸上 150 m、280 m、450 m 3 个断面流速分布作为验证目标。闸上各断面流速实验值与计算值对比见图 3-6。

由图 3-6 可见,河口闸数值模拟结果与河工模型试验结果基本吻合。最大绝对误差仅约 0.10 m/s,出现在距上游 450 m 断面的近左岸。验证结果说明,该模型的模拟结果基本可靠,可用于后期的研究和分析。

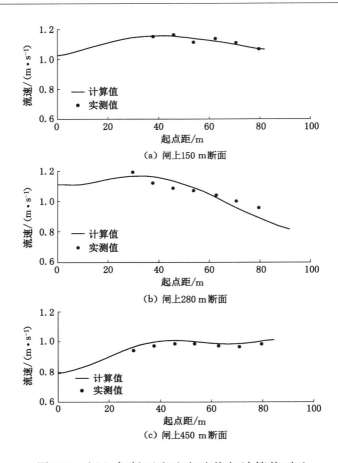

图 3-6 闸上各断面流速实验值与计算值对比

3.2.4 河道冲淤分析方法

为满足河口闸单孔泄流冲淤分析需要,本部分先介绍河道冲淤分析的基本理论与方法,再给出拟定工况下的河道起动流速分析。

3.2.4.1 冲淤分析基本理论及相关公式

泥沙起动是泥沙运动理论中最基本的问题之一,也是研究工程泥沙问题时首先遇到的问题。早在 19 世纪研究人员就提出了泥沙起动的概念,20世纪初开始系统的研究,至今仍在继续。

具有一定运动速度的水流会对河床造成冲刷和淤积,河床的冲刷起始于床面泥沙的起动,这是水流冲刷作用刚超过泥沙抗冲能力的临界状态。从力学角度分析,所谓泥沙起动,就是床面上的泥沙在一定的水流条件作用下,静平衡状态被破坏,由原来的静止变为运动状态的力学过程。一般而言,泥沙颗粒在起动时主要受到水下重力、水流的正面推力与上举力,以及颗粒间摩擦力和黏结力(或吸力)的作用,通常用起动流速或起动切应力表示泥沙的起动条件。

(1)均匀泥沙起动公式

有关推移质泥沙起动规律问题,国内外已有许多研究。到目前为止,所提出的无黏性颗粒的起动流速公式在100个左右。就天然均匀沙起动公式来说,各公式在形式上差别不大,大多为 $v_c = kd^+h^+$,现将部分研究者计算得到的公式中的系数值列于表 3-1 中。由此可见,该系数取值离散度较大,在一定程度上增加了实际使用时的难度。

表 3-1　均匀沙起动流速公式系数

研究者	系数 k	研究者	系数 k
卢金友	3.82	秦荣昱	4.90
长科院	4.34	张瑞瑾	5.39
沙莫夫	4.60	华国祥	5.43
刘兴年	4.62	唐存本	6.17

(2)非均匀沙起动公式

对非均匀沙来说,基于不同的理论推演与实测资料对比,同样出现了较多公式。相比于均匀泥沙起动公式,非均匀泥沙起动公式的表现形式差别明显且计算结果相差较大,大大增加了使用的选择难度。国内该领域的公式主要有以下几种。

① 张瑞瑾公式

张瑞瑾认为,细颗粒起动时受黏结力的影响,尤其认为该黏结力还包含水柱及大气压力所传递的部分作用,同时考虑水流动力对颗粒的作用,并利用实测资料对系数与指数率定,得到既适用于散粒体又适用于黏性细颗粒泥沙的统一起动流速公式:

$$v_c = 1.34 \left(\frac{h}{d}\right)^{0.14} \left[\frac{\gamma_s - \gamma}{\gamma}gd + 0.000\,000\,336\left(\frac{10+h}{d^{0.72}}\right)\right]^{0.5} \quad (3\text{-}20)$$

式中　γ ——水流容重;

　　　γ_s ——泥沙容重;

　　　g ——重力加速度;

　　　d ——泥沙粒径;

　　　h ——水深。

② 窦国仁公式

窦国仁通过对大量工程泥沙问题的研究,尤其是通过模型试验,积累了丰富的经验,进一步明确了对黏性细颗粒起动产生重要影响的是颗粒间的黏结力和水深引起的附加下压力,同时考虑淤积物干容重对细颗粒起动流速的影响,得到如下公式:

$$v_c = 0.32\left(\ln 11\frac{h}{K_s}\right)\left(\frac{D'}{D_*}\right)^{\frac{1}{6}}\left[3.6\frac{\gamma_s-\gamma}{\gamma}gd + \left(\frac{\gamma'}{\gamma'_c}\right)^{2.5}\left[\frac{\varepsilon_0 + gh\delta\left(\frac{\delta}{d}\right)^{0.5}}{d}\right]\right]^{0.5}$$

$$(3\text{-}21)$$

式中　γ' ——淤积物的干容重;

　　　γ'_c ——淤积物的稳定干容重;

　　　ε_0 ——综合黏结力参数;

　　　δ ——薄膜水厚度,$\delta=0.213\times10^{-4}$ cm;

　　　D_* ——参考粒径,D'取值与参考粒径有关;

　　　γ ——水流容重;

　　　γ_s ——泥沙容重;

　　　g ——重力加速度;

　　　d ——泥沙粒径;

　　　h ——水深,下同;

K_s——床面粗糙高度,对于平整河床,当 $d \leqslant 0.5$ mm 时 $K_s = 0.5$ mm, 当 $d > 0.5$ mm 时 $K_s = d$。

③ 唐存本公式

唐存本在总结前人试验成果的基础上,通过实验、分析研究泥沙起动条件,推导公式时,除了考虑水流对沙砾的正面推力、上举力及重力外,还加入了沙砾间的黏结力,并运用实验材料进行大量实验,获得粗细沙的统一起动公式:

$$v_c = \frac{m}{m+1} \left(\frac{h}{d}\right)^{\frac{1}{m}} \left[3.2 \frac{\gamma_s - \gamma}{\gamma} gd + \left(\frac{\delta}{\delta_0}\right)^{10} \frac{c}{\rho d}\right]^{\frac{1}{2}} \qquad (3-22)$$

式中　m——指数,对于一般天然河道 $m = 1/6$,对于平整河床(如实验条件

及 $d < 0.01$ mm 的天然河道) $m = 4.7 \left(\frac{h}{d}\right)^{0.06}$;

γ_s——泥沙容重, $\gamma_s = 2.65$ g/cm;

γ——水流容重, $\gamma = 1$ g/cm;

c——系数, $c = 2.9 \times 10^{-4}$ g/cm;

ρ—水的密度, $\rho = 1.02 \times 10^{-3}$ g·s/cm³,取稳定容重情况($\delta = \delta_0$);

d——泥沙粒径;

h——水深;

δ——淤泥物的干容重;

δ_0——淤泥物的稳定容重。

唐存本公式不仅适用于一般的天然沙砾,对各种粒径、重模型沙也适用,是一个可以普遍运用的公式。

④ 张红武、卜海磊公式

张红武、卜海磊进一步考虑到附加下压水引起的力对黏性细颗粒起动的影响,吸收我国学者各家典型公式的优点,对初期公式加以完善,最后给出起动流速新公式:

$$v_c = \left[\frac{\gamma_s - \gamma}{\gamma} gd + 2.88 \left(\frac{\gamma_s - \gamma}{\gamma} g\right)^{0.44} \left(\frac{\gamma'}{\gamma_c'}\right)^{6.6} \frac{v^{1.11}}{d^{0.67}} + 0.000\,256 \left(\frac{\gamma'}{\gamma_c'}\right)^{2.5} g (h_0 + h) \delta (\delta/d)^{0.5}/d\right]^{0.5}$$

$$(3-23)$$

式中　h_0——参考水深,按张瑞瑾的处理成果取 10 m;

　　　　δ——按照窦国仁的交叉石英丝实验的处理成果取 0.213×10^{-4} cm。

对张瑞瑾公式、窦国仁公式、唐存本公式及张红武、卜海磊公式应用于塑料沙进行计算比较,结果见表 3-2。

表 3-2　塑料沙起动试验结果与各公式计算结果比较

粒径/mm	水深/m	试验速度/(cm·s⁻¹)	张瑞瑾公式/(cm·s⁻¹)	窦国仁公式/(cm·s⁻¹)	唐存本公式/(cm·s⁻¹)	张红武、卜海磊公式/(cm·s⁻¹)
0.028	0.10	8.42	33.88	33.68	11.36	8.51
0.041	0.10	7.29	28.03	27.83	9.25	7.17
0.081	0.10	6.15	20.04	19.84	6.65	5.66
0.120	0.10	6.09	16.57	16.36	5.77	5.24
0.135	0.10	5.75	15.67	15.46	5.59	5.18
0.230	0.10	6.27	12.30	12.05	5.26	5.18
0.820	0.10	6.88	8.27	8.18	6.93	6.66

不难看出,在细塑料沙试验条件下,张瑞瑾和窦国仁公式比试验值偏差较大,唐存本公式和张红武、卜海磊公式比较接近试验值。唐存本公式没有考虑容重对黏结力的影响,故而在最细颗粒组的流速计算结果偏大了 35%。虽然唐存本公式存在一定不足,但提出较早,其实用性经过工程验证,精确性也可以满足一般计算要求。

3.2.4.2　河口闸泥沙起动流速初步推算分析

依据前述泥沙冲淤研究成果,采用水流流速与泥沙起动速度比较分析区域的冲刷特征。

根据资料分析,秦淮河河段泥沙平均粒径为 0.18 mm。河段的起动流速拟选用这一特征粒径进行计算。

闸下游水位为 3.50 m、秦淮河上游来流量为 60.00 m³/s 时,对研究范围河道内水深及泥沙起动流速分布统计见表 3-3。

表 3-3   研究范围内河道水深及泥沙起动流速分布

	闸上游河道	闸下游河道	河口附近
水深/m	2.3～2.7	3.2～3.6	1.4～3.2
起动流速/(m·s⁻¹)	0.52～0.53	0.54～0.56	0.47～0.54

闸下游水位为 4.50 m、秦淮河上游来流量为 60.00 m³/s 时，对研究范围河道内水深及泥沙起动流速分布统计见表 3-4。

表 3-4   研究范围内河道水深及泥沙起动流速分布

	闸上游河道	闸下游河道	河口附近
水深/m	2.7～3.8	4.4～5.0	2.7～4.4
起动流速/(m·s⁻¹)	0.53～0.56	0.58～0.59	0.53～0.58

3.2.5   小结

本节主要结论如下。

（1）介绍水闸水动力数值模拟的理论与方法，结合河口闸工程区域特点，建立河口闸工程水动力数值模型。

（2）通过与河工模型试验结果对比分析，当河床糙率取值为 0.023 时，数值模拟结果基本可靠。

（3）依据冲淤分析基本理论及相关公式，比照河口闸泥沙粒径，初步推算其泥沙起动流速。

3.3   河口闸单孔泄流冲淤特性研究

河口闸单孔泄流不属于河口闸设计运行模式，单孔运行引起的河口闸水动力特性变化是否影响水闸结构自身及河道冲淤稳定，需要通过数值模拟进行分析和研究。

本节主要通过不同组合工况下河口闸单孔开启水动力数值模拟,研究单孔开启时河口闸水动力特性的变化。

3.3.1 单孔开启运行模式

依据河口闸已有研究成果,针对河口闸可能的单孔开启运行模式,经反复讨论,最终拟定河口闸单孔开启运行水位流量组合见表 3-5 所示。

表 3-5 河口闸单孔开启运行水位流量组合

运行模式	外秦淮河来流量/(m³·s⁻¹)	长江下游水位/m	长江上游来流量/(m³·s⁻¹)
模式 1	60.0	3.5	15 410.19
模式 2	60.0	4.5	19 184.49

3.3.2 模式 1 水动力特性研究

为了对比分析,将模式 1 细分为表 3-6 所示 3 个工况。采用 3.2 节建立的河口闸水深平均水动力模型进行研究。

表 3-6 组合模式 1 计算工况

工况编号	闸孔开闭	外秦淮河来流量/(m³·s⁻¹)	长江下游水位/m	长江上游来流量/(m³·s⁻¹)
工况 1	闸孔全开			
工况 2	仅开左闸孔	60.0	3.5	15 410.19
工况 3	仅开右闸孔			

3.3.2.1 闸孔全开

图 3-7 为工况 1 下整体流速分布云图,图 3-8 为工况 1 下局部流速分布云图。

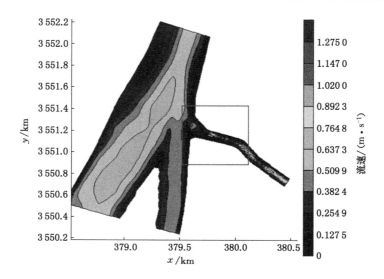

图 3-7 工况 1 下整体流速分布云图[①]

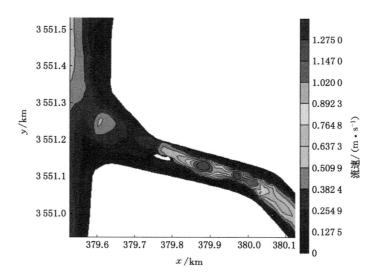

图 3-8 工况 1 下局部流速分布云图

---

① 图中 x、y 表示地理坐标系河道平面位置。下同。

由图 3-8 可见,当闸孔全开时,外秦淮河流速纵向差异较大,河口闸上游段流速明显大于下游段,且闸上游两岸附近存在较大不过水区域。

由于闸上游河道束窄,外秦淮河最大流速出现在闸上 200.00 m 和闸上 100.00 m 处,最大值为 $1.15 \sim 1.28$ m/s。水流在闸墩处向右偏流,右闸孔最大流速约为 0.64 m/s,大于左闸孔最大流速。外秦淮河河口呈喇叭状,闸下游过水面积扩大,流速较小,为 $0.25 \sim 0.38$ m/s;在河口处受淤积的影响,流速有所增大,约为 0.51 m/s。

3.3.2.2 仅开启左闸孔

图 3-9 为工况 2 下整体流速分布云图,图 3-10 为工况 2 下局部流速分布云图。

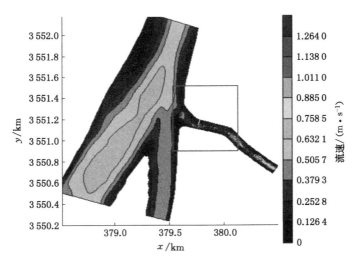

图 3-9 工况 2 下整体流速分布云图

由图 3-9 和图 3-10 可知,仅开启左闸孔时,外秦淮河最大流速出现位置与闸孔全开工况相同,在闸上 200 m 和闸上 100 m 处,流速达 $1.14 \sim 1.26$ m/s。

仅开左闸孔,闸轴线断面的过水面积减小,该断面的流速较闸孔全开工况增大,在闸墩附近流速接近 0.89 m/s。

闸下流速较小,闸下 50 m 处最大流速仅为 0.38 m/s。在河口处流速有所增大,约为 0.63 m/s。

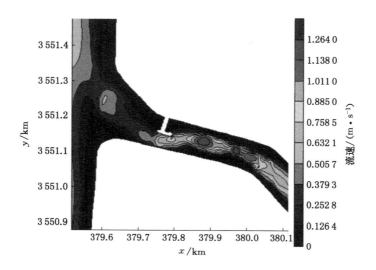

图 3-10 工况 2 下局部流速分布云图

仅开左闸孔对河口闸上游水流偏流起到了修正作用,水动力轴线在闸上 100 m 处明显偏向左岸。在通过水闸后,水动力轴线向右岸偏移。

3.3.2.3 仅开启右闸孔

图 3-11 为工况 3 下整体流速分布云图,图 3-12 为工况 3 下局部流速分布云图。

由图 3-11 和图 3-12 可见,仅开右闸孔时,外秦淮河最大流速出现的位置与闸孔全开时相同,在闸上 200 m 处和闸上 100 m 处,流速为 1.14～1.27 m/s。

在河口闸轴线处,仅开右闸孔时,过水断面减小,流速较闸孔全开时增大,最大流速接近 0.76 m/s。

河口闸下游流速较小,闸下 50 m 处最大流速仅为 0.38 m/s。河口处流速有所增大,约为 0.51 m/s。

仅开右闸孔加剧了外秦淮河的偏流效应,从闸上 100 m 处到外秦淮河河口处,水动力轴线呈现明显向右偏移的现象。

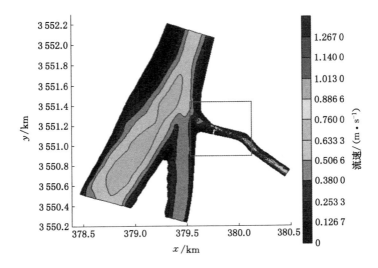

图 3-11　工况 3 下整体流速分布云图

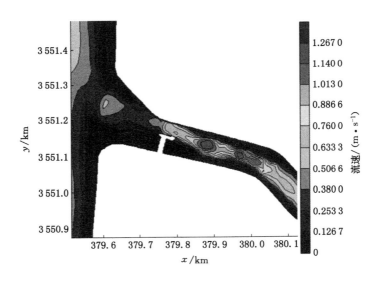

图 3-12　工况 3 下局部流速分布云图

3.3.2.4　典型断面流速分布特征及其分析

为直观比较不同工况下外秦淮河水流流速分布,现选取多个典型断面,对断面流速横向分布进行分析,选取断面为:闸上 200 m、闸上 100 m、闸轴线处、防冲槽处(闸下 80 m)、闸下 100 m、河口处(闸下 150 m)。6 个断面的位置如图 3-13 所示。

图 3-13　典型断面选取位置

图 3-14 为闸上 200 m 断面(河道流速最大处)各工况下流速分布。由图 3-14 可见,该断面 3 个工况下的流速分布完全一致。最大流速出现在河道轴线左侧,约为 1.27 m/s。

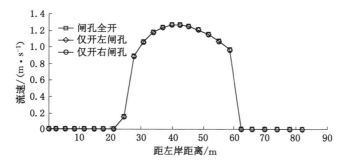

图 3-14　闸上 200 m 断面流速分布

图 3-15 为闸上 100 m 断面各工况下的流速分布。由图 3-15 可见,该断面 3 个工况下的流速基本相同,流速差异主要体现在河道中轴线右侧。

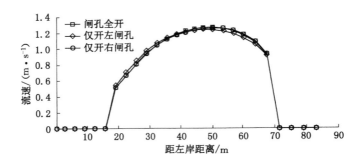

图 3-15　闸上 100 m 断面流速分布

　　仅开左闸孔时,最大流速出现的位置偏左,约为 1.22 m/s,此时河道右侧流速小于其他 2 个工况。仅开右闸孔时,流速分布与闸孔全开时完全一致,最大流速出现在河道中轴线右侧,约为 1.24 m/s。

　　图 3-16 为闸轴线处断面各工况下的流速分布。由图 3-16 可见,仅开启单侧闸孔时,该断面最大流速明显大于闸孔全开时的工况。

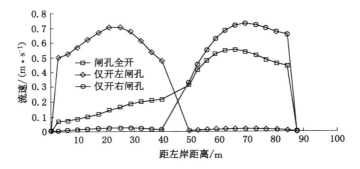

图 3-16　闸轴线处断面流速分布

　　闸孔全开时,由于存在明显向右偏流,右闸孔流速明显大于左闸孔流速,两闸孔最大流速相差 0.25 m/s。仅开左闸孔时,流速仅分布在河道左侧;最大流速出现在左闸孔轴线处,约为 0.70 m/s。仅开右闸孔时,流速仅分布在河道右侧;最大流速出现在右闸孔轴线处,约为 0.73 m/s。

　　图 3-17 为防冲槽(闸下 80 m)断面各工况下的流速分布。由于河道过水面积增大,3 个工况下的流速都有所减小。

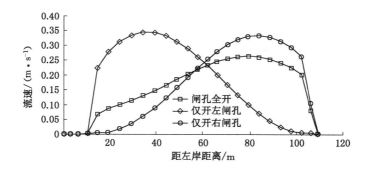

图 3-17 闸下 80 m 断面流速分布

闸孔全开时,该断面流速分布呈从左岸到右岸增大趋势,最大流速出现在右闸孔轴线附近,约为 0.26 m/s。仅开左闸孔时,最大流速出现在左闸孔轴线附近,约为 0.35 m/s。仅开右闸孔时,最大流速出现在右闸孔轴线附近,约为 0.34 m/s。

图 3-18 为闸下 100 m 断面各工况下的流速分布。由图 3-18 可见,该断面 3 个工况下的流速分布差异小于闸下 80 m 断面,这表明由于闸门单侧开启导致的偏流影响已经开始减弱。

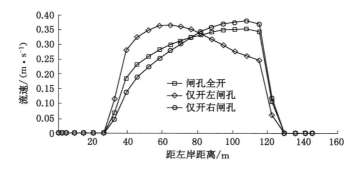

图 3-18 闸下 100 m 断面流速分布

闸孔全开时,最大流速出现在右闸孔轴线偏右处,约为 0.35 m/s。仅开左闸孔时,最大流速出现在左闸孔轴线偏右处,约为 0.36 m/s。仅开右闸孔时,最大流速出现在右闸孔轴线偏右处,约为 0.38 m/s。

图 3-19 为河口处(闸下 150 m)断面各工况下的流速分布。由图 3-19 可

见,该断面 3 个工况下的流速分布基本一致,流速分布曲线几乎重合,最大流速出现在河道中轴线偏右位置,约为 0.50 m/s。

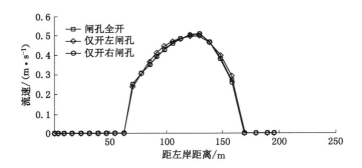

图 3-19　河口处(闸下 150 m)断面流速分布

3.3.3　模式 2 水动力特性研究

为了对比分析,将模式 2 细分为表 3-7 中的 3 个工况。

表 3-7　组合模式 2 计算工况

工况编号	闸孔开闭	外秦淮河来流量 /(m³ · s⁻¹)	长江下游水位 /m	长江上游来流量 /(m³ · s⁻¹)
工况 4	闸孔全开			
工况 5	仅开左闸孔	60.0	4.5	19 184.49
工况 6	仅开右闸孔			

3.3.3.1　闸孔全开

图 3-20 为工况 4 下整体流速分布云图,图 3-21 为工况 4 下局部流速分布云图。

由图 3-21 可见,当闸孔全开时外秦淮河流速纵向差异较大,由于上游河道束窄,河口闸上游段流速明显大于下游段。最大流速出现在闸上 200 m 处,约为 0.70 m/s;闸上 100 m 处流速也较大,约为 0.55 m/s。闸墩附近流

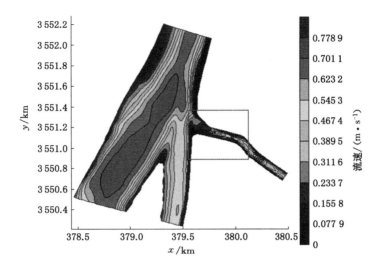

图 3-20 工况 4 下整体流速分布云图

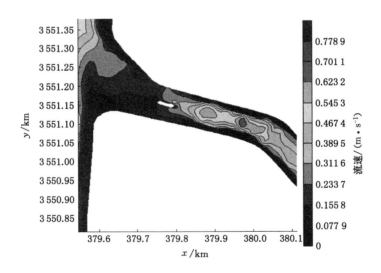

图 3-21 工况 4 下局部流速分布云图

速达 0.39 m/s。外秦淮河河口呈喇叭形,闸下游河道变宽,流速较小,为 0.16～0.23 m/s。在河口处流速有所增大,为 0.23～0.31 m/s。

3.3.3.2 仅开启左闸孔

图 3-22 为工况 5 下整体流速分布云图,图 3-23 为工况 5 下局部流速分布云图。

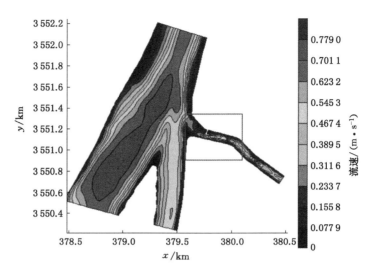

图 3-22　工况 5 下整体流速分布云图

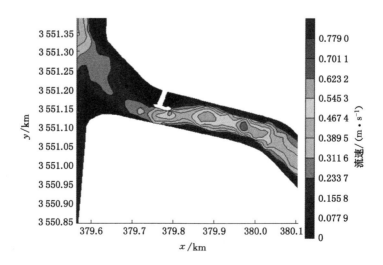

图 3-23　工况 5 下局部流速分布云图

由图 3-21 和图 3-22 可知,仅开启左闸孔时,外秦淮河最大流速出现位置与闸孔全开时相同,为闸上 200 m 处,最大值约为 0.70 m/s。

仅开左闸孔,闸轴线断面的过水面积减小,该断面流速较闸孔全开时增大,最大流速接近 0.62 m/s。

闸下流速较小,闸下 50 m 处最大流速约为 0.31 m/s。

仅开左闸孔修正了外秦淮河的偏流效应,在闸上 100 m 处,水流明显偏向左岸。从闸墩下游到河口处,水流向右岸偏转。

3.3.3.3 仅开启右闸孔

图 3-24 为工况 6 下整体流速分布云图,图 3-25 为工况 6 下局部流速分布云图。

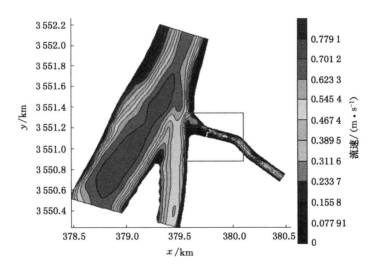

图 3-24　工况 6 下整体流速分布云图

由图 3-25 可见,仅开启右闸孔时,外秦淮河最大流速出现位置与闸孔全开时相同,在闸上 200 m 处,约为 0.70 m/s。

仅开右闸孔,在河口闸轴线处过水断面减小,流速较闸孔全开时有所增大,最大流速约为 0.55 m/s。

闸下游流速较小,闸下 50 m 处最大流速约为 0.23 m/s。

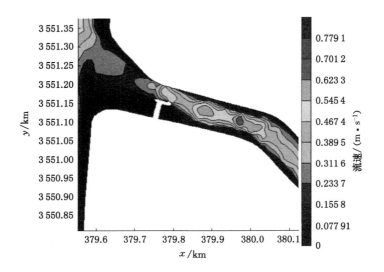

图 3-25　工况 6 下局部流速分布云图

受闸孔开启模式影响,从闸上 100 m 处水流开始明显偏向右岸。从闸下到河口处,水动力轴线都明显偏向右岸。

3.3.3.4　典型断面流速对比分析

典型断面的位置如图 3-13 所示。模式 2 的 3 个工况在典型断面的流速分布特征与模式 1 的 3 个工况基本相同,仅流速数值有所不同。

图 3-26 为闸上 200 m 断面各工况下的流速分布。由图 3-26 可见,该断面 3 个工况下的流速分布变化趋势完全相同,最大流速出现在河道中轴线附近,约为 0.68 m/s。这表明闸孔开启情况对该断面没有影响。

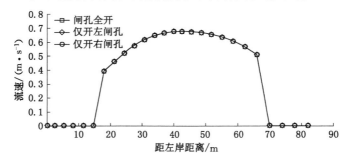

图 3-26　闸上 200 m 断面流速分布

图 3-27 为闸上 100 m 断面各工况下的流速分布。由图 3-27 可见,该断面最大流速出现在河道中轴线处,约为 0.60 m/s。仅开启左闸孔时,河道中轴线右侧流速略有增大,左侧流速略有减小,整个断面的流速分布更为均匀。与另外 2 个工况相比,最大流速差约为 0.02 m/s。总的来说,闸孔开启情况对该断面流速影响也较小。

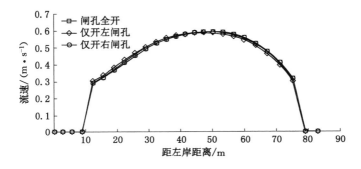

图 3-27　闸上 100 m 断面流速分布

图 3-28 为闸轴线处断面各工况下的流速分布。由图 3-28 可见,仅开启单侧闸孔时,该断面流速明显大于闸孔全开时的断面流速。

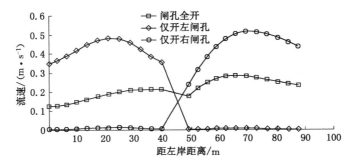

图 3-28　闸轴线处断面流速分布

闸孔全开时,由于存在向右岸的偏流,右闸孔轴线流速大于左闸孔轴线流速,最大流速差约为 0.10 m/s。仅开启左闸孔时,最大流速出现在左闸孔轴线处,约为 0.48 m/s。仅开启右闸孔时,最大流速出现在右闸孔轴线处,约为 0.52 m/s。

图 3-29 为防冲槽处(闸下 80 m)断面各工况下的流速分布。闸孔全开时,该断面流速分布呈从左岸到右岸增大趋势,最大流速出现在右闸孔轴线附近,约为 0.16 m/s。仅开左闸孔时,最大流速出现在左闸孔轴线附近,约为 0.25 m/s。仅开右闸孔时,最大流速出现在右闸孔轴线附近,约为 0.25 m/s。

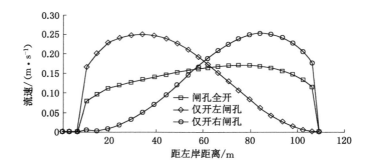

图 3-29　防冲槽处(闸下 80 m)断面流速横向分布

图 3-30 为闸下 100 m 断面各工况下的流速分布。由图 3-30 可见,闸孔全开时,最大流速出现在河道中轴线偏右处,约为 0.24 m/s。仅开左闸孔时,最大流速出现在河道中轴线偏左处,约为 0.24 m/s。仅开右闸孔时,最大流速出现位置偏向右岸,约为 0.27 m/s。

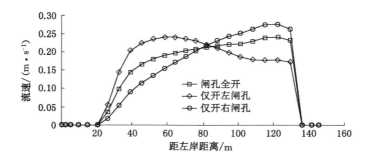

图 3-30　闸下 100 m 断面流速分布

图 3-31 为河口处(闸下 150 m)断面各工况下的流速分布。由图 3-31 可见,该断面 3 个工况下的流速分布略有差别。闸孔全开时,最大流速出现在

河道中轴线右侧,约为 0.29 m/s。仅开左闸孔时,最大流速出现在河道中轴线位置,约为 0.27 m/s。仅开右闸孔时,最大流速出现在河道中轴线右侧,约为 0.30 m/s。

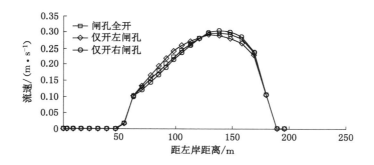

图 3-31 河口处(闸下 150 m)断面流速分布

通过对比两种模式各工况下的断面流速分布,可以得到如下几点认识。

(1)在闸上 200 m 到闸上 100 m 范围内,闸孔单侧开启对流速分布影响较小。

(2)自闸上 100 m 断面开始,3 个工况下的流速分布出现差异,越向下游流速分布差异越大,在闸轴线断面处流速差异达到最大,越向下游河口处流速分布差异越小。

3.4 河口闸三维水动力特性模拟

为研究河口闸上下游河段垂向流动特性,以及为分析河岸冲刷需要,在河口闸工程大范围水深平均模型基础上,截取河口闸附近河段进行局部三维建模。以水深平均模型计算结果作为三维模型的边界条件和初始条件,进行三维数值模拟计算,分析各断面垂向流速分布特征,并获得河道冲刷评估所需的河床面水流流速。

3.4.1 三维模型

3.4.1.1 计算区域划分

河口闸三维建模计算区域的选取,既要能够体现河口闸上下游流态,又要能够保证水流顺直。水深平均模型计算结果表明,闸上 200 m 断面流速受闸孔不同开启模式的影响较小。为慎重起见,三维模型上游边界取闸上约 300 m 处;同时考虑到三维模拟主要关注闸孔开启对闸下区域的影响,自河口汇入长江后,长江流量大,影响因素众多,边界不易确定,因此三维模型下游边界取外秦淮河河口处,这里既包含了重点关注的区域,又方便了边界条件的设定。综合分析后,确定三维模型计算区域如图 3-32 所示。

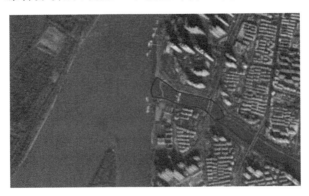

图 3-32 三维模型计算区域

3.4.1.2 网格划分

三维模型的水平网格与水深平均模型保持一致,如图 3-33 所示。垂向沿水深均匀分为 10 层,以闸下 100 m 断面为例,垂向网格如图 3-34 所示。

3.4.2 计算工况

三维模型的工况选取与水深平均模型两种模式相对应,具体工况设置见表 3-8。

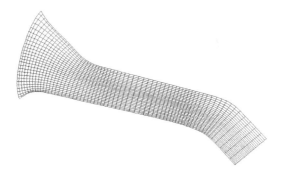

图 3-33　三维模型水平网格划分

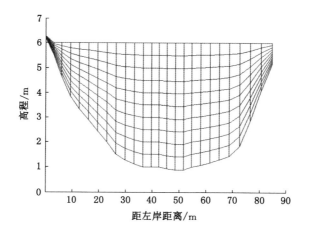

图 3-34　闸下 100 m 断面垂向网格

表 3-8　三维计算模型计算工况选取

工况编号	闸孔开闭	外秦淮河来流量/($m^3 \cdot s^{-1}$)	河口处水位/m
工况 2	仅开左闸孔	60	3.5
工况 3	仅开右闸孔	60	3.5
工况 5	仅开左闸孔	60	4.5
工况 6	仅开右闸孔	60	4.5

3.4.3 计算结果分析

3.4.3.1 表面流速分布

一般来说,垂向最大流速出现在表面,因此可以用表面流速来反映河道内垂向最大流速分布情况。绘制这 4 个工况下表面流速分布云图见图 3-35～图 3-38 所示。

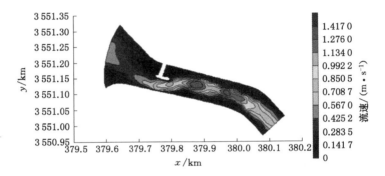

图 3-35　工况 2 下表面流速分布云图

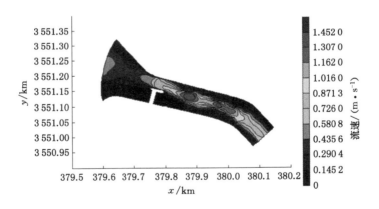

图 3-36　工况 3 下表面流速分布云图

工况 2:由于下游长江水位较低,两岸有较大流速为 0 的不过水区域。河道表面最大流速出现在闸上 200 m 断面和闸上 100 m 断面,约为1.28～1.42 m/s。

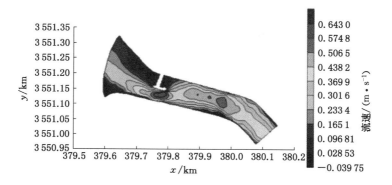

图 3-37 工况 5 下表面流速分布云图

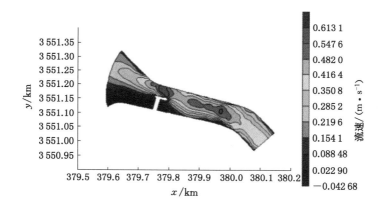

图 3-38 工况 6 下表面流速分布云图

工况 3：表面最大流速出现位置与工况 2 基本相同，流速为 1.31～1.45 m/s。由于仅开右闸孔，河道表面主流整体向右偏流。

工况 5、工况 6：由于长江水位抬高，河道两岸不过水区域比工况 2 和工况 3 下小，仅在关闭的闸孔上游约 20 m 至闸孔下游约 100 m 断面及河口处左岸存在不过水区域。

工况 5：最大表面流速出现在左闸孔处，为 0.57～0.64 m/s。

工况 6：最大流速出现位置与工况 5 下基本相同。由于仅开右闸孔，河道主流整体向右偏流。最大流速出现在右闸孔处，为 0.55～0.61 m/s。

3.4.3.2 典型断面流速分布

选取闸上 200 m、闸上 100 m、闸轴线处、防冲槽处(闸下游 80 m)、河口处(闸下 150 m)为典型断面,分析断面上的流速分布。

(1)闸上 200 m 断面

图 3-39～图 3-42 为不同工况下闸上 200 m 断面的流速分布云图。

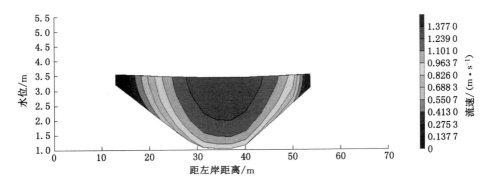

图 3-39   工况 2 下闸上 200 m 断面流速分布云图

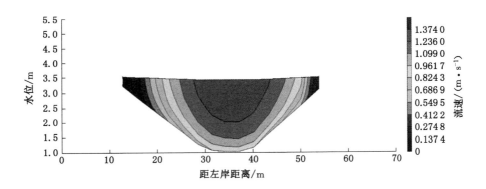

图 3-40   工况 3 下闸上 200 m 断面流速分布云图

工况 2:断面最大流速约为 1.38 m/s,出现在河道水面中线附近;底面最大流速约为 0.83 m/s,出现在河道底面中线附近。

工况 3:断面最大流速出现在河道水面中线偏右位置,约为 1.37 m/s;底面最大流速出现在底面中线偏右位置,约为 0.83 m/s。

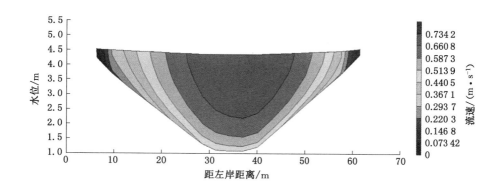

图 3-41　工况 5 下闸上 200 m 断面流速分布云图

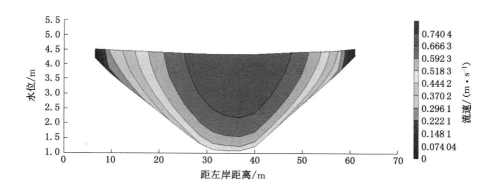

图 3-42　工况 6 下闸上 200 m 断面流速分布云图

工况 5：断面最大流速出现在河道水面中线偏右位置，约为 0.73 m/s；底面最大流速出现在底面中线偏右位置，约为 0.44 m/s。

工况 6：断面最大流速出现在河道水面中线偏右位置，约为 0.74 m/s；底面最大流速出现在底面中线附近，约为 0.44 m/s。

比较该断面 4 个工况下流速分布可以看出，该断面处主流基本位于河道中轴线处；图 3-39 与图 3-40 基本相同；图 3-41 与图 3-42 基本相同；图 3-39 与图 3-41 的分布规律类似，但流速大小不同，这说明该断面的流速分布受闸孔开启模式的影响较小，而受水位影响较大。

（2）闸上 100 m 断面

图 3-43～图 3-46 为不同工况下闸上 100 m 断面的流速分布云图。

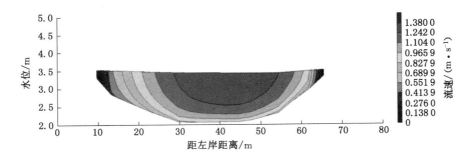

图 3-43　工况 2 下闸上 100 m 断面流速分布云图

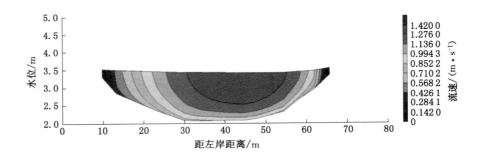

图 3-44　工况 3 下闸上 100 m 断面流速分布云图

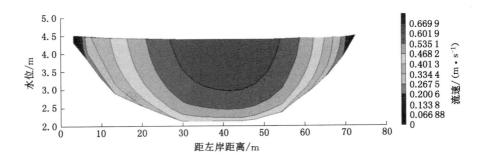

图 3-45　工况 5 下闸上 100 m 断面流速分布云图

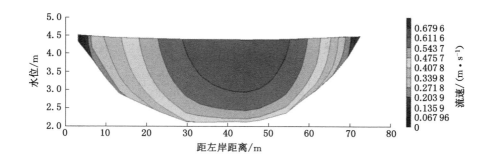

图 3-46 工况 6 下闸上 100 m 断面流速分布云图

工况 2：断面最大流速约为 1.38 m/s，出现在河道水面中线附近；底面最大流速约为 0.83 m/s，出现在河道底面中线处。

工况 3：断面最大流速出现在河道水面中线偏右位置，约为 1.42 m/s；底面最大流速出现在底面中线偏右位置，约为 0.85 m/s。

工况 5：断面最大流速出现在河道水面中线附近，约为 0.67 m/s；底面最大流速出现在底面中线偏右位置，约为 0.40 m/s。

工况 6：断面最大流速出现在河道水面中线偏右位置，约为 0.68 m/s；底面最大流速出现在底面中线附近，约为 0.41 m/s。

比较 4 个工况下该断面流速分布可以看出，该断面处主流位于河道轴线附近。图 3-43 与图 3-44 基本相同；图 3-45 与图 3-46 基本相同；图 3-43 与图 3-45 的分布规律类似，但流速大小不同，这说明该断面流速分布与闸孔开启模式关系不大，但与水位相关性较强。

（3）闸轴线断面

图 3-47～图 3-50 为不同工况下闸轴线处断面的流速分布云图。

比较图 3-47、图 3-49 可以看出，单独开启左闸孔时，左闸孔流速分布规律基本类似，只是速度不同。工况 2 下左闸孔最大流速约为 0.90 m/s，工况 5 下左闸孔最大流速约为 0.64 m/s。

比较图 3-48、图 3-50 可以看出，单独开启右闸孔时，右闸孔流速分布规律基本类似，只是速度不同。工况 3 下右闸孔最大流速约为 0.83 m/s，工况 6 下右闸孔最大流速约为 0.59 m/s。

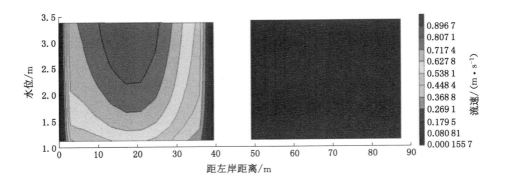

图 3-47　工况 2 下闸轴线处断面流速分布云图

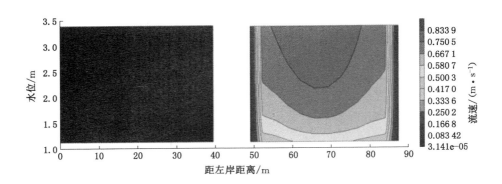

图 3-48　工况 3 下闸轴线处断面流速分布云图

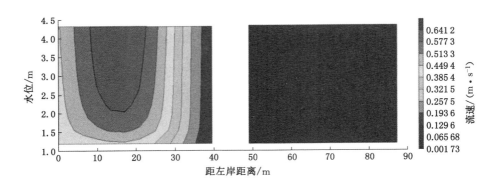

图 3-49　工况 5 下闸轴线处断面流速分布云图

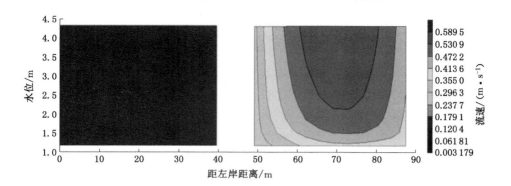

图 3-50　工况 6 下闸轴线处断面流速分布云图

（4）防冲槽处（闸下 80 m）断面

图 3-51～图 3-54 为不同工况下防冲槽处（闸下 80 m）断面的流速分布云图。

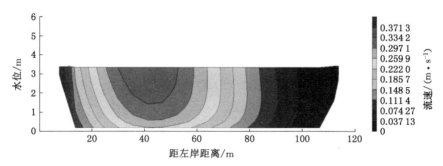

图 3-51　工况 2 下防冲槽处（闸下 80 m）断面流速分布云图

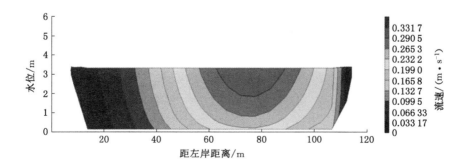

图 3-52　工况 3 下防冲槽处（闸下 80 m）断面流速分布云图

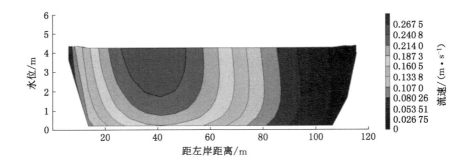

图 3-53　工况 5 下防冲槽处(闸下 80 m)断面流速分布云图

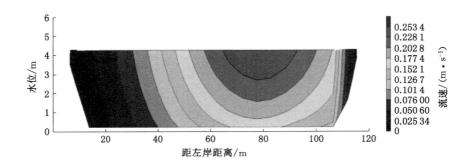

图 3-54　工况 6 下防冲槽处(闸下 80 m)断面流速分布云图

工况 2:断面最大流速约为 0.37 m/s,出现在河道水面中线左侧;底面最大流速约为 0.26 m/s,出现在河道底面中线左侧。

工况 3:断面最大流速约为 0.33 m/s,出现在河道水面中线右侧;底面最大流速约为 0.20 m/s,出现在河道底面中线右侧。

比较图 3-51 与图 3-52 可以看出,当闸上水位 6.00 m、闸下水位 3.50 m 时,仅开左闸孔时的表面流速最大值大于仅开右闸孔时的表面流速最大值,二者相差 0.04 m/s;仅开左闸孔时的底面流速最大值大于仅开右闸孔时的底面流速最大值,二者相差 0.06 m/s。

工况 5:断面最大流速约为 0.27 m/s,出现在河道水面中线左侧位置;底面最大流速约为 0.21 m/s,出现在河道底面中线左侧位置。

工况 6：断面最大流速约为 0.25 m/s，出现在河道水面中线右侧位置；底面最大流速约为 0.15 m/s，出现在河道底面中线右侧位置。

比较图 3-53 与图 3-54 可以看出，当闸上水位 6.00 m、闸下水位 4.50 m 时，仅开左闸孔时的表面流速最大值大于仅开右闸孔时的表面流速最大值，二者相差 0.02 m/s；仅开左闸孔时的底面流速最大值大于仅开右闸孔时的底面流速最大值，二者相差 0.06 m/s。

比较图 3-51、图 3-53 可知，仅开启左闸孔时，流速分布趋势相似，流速大小不同。比较图 3-52、图 3-54 可知，仅开启右闸孔时，流速分布趋势相似，流速大小不同。由于工况 5、工况 6 下的过水面积大于工况 2、工况 3 下的过水面积，相应的工况 5、工况 6 下的断面流速整体小于工况 2、工况 3 下的断面流速。

（5）河口处（闸下 150 m）断面

图 3-55～图 3-58 为不同工况下河口处（闸下 150 m）断面的流速分布云图。

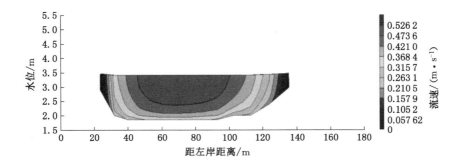

图 3-55　工况 2 下河口处（闸下 150 m）断面流速分布云图

工况 2：断面最大流速约为 0.53 m/s，出现在河道水面中线偏左位置；底面最大流速约为 0.32 m/s，出现在河道底部中线位置。

工况 3：断面最大流速约为 0.52 m/s，出现在河道水面中线偏左位置；底面最大流速约为 0.31 m/s，出现在河道底部中线位置。

工况 5：断面最大流速约为 0.30 m/s，出现在河道水面中线偏左位置；底

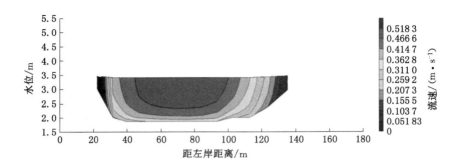

图 3-56   工况 3 下河口处(闸下 150 m)断面流速分布云图

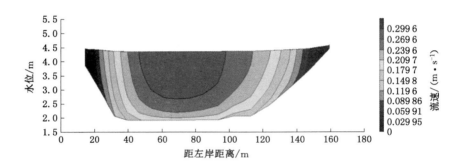

图 3-57   工况 5 下河口处(闸下 150 m)断面流速分布云图

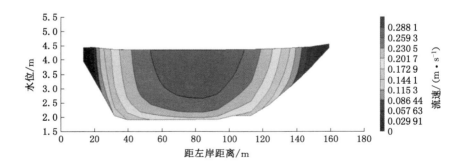

图 3-58   工况 6 下河口处(闸下 150 m)断面流速分布云图

面最大流速约为 0.18 m/s,出现在河道底部中线偏左位置。

工况 6:断面最大流速出现在河道水面中线附近,约为 0.29 m/s;底面最大流速约为 0.17 m/s,出现在河道底部中线位置。

比较图 3-55 与图 3-56 可知,当河口水位为 3.50 m 时,工况 2 和工况 3 下的河口处断面流速分布几乎完全相同,仅流速大小存在差异。比较图 3-57 与图 3-58 可知,当河口水位为 4.50 m、仅开启左闸孔时,水动力轴线偏左。比较图 3-55 与图 3-57 可知,不同水位下河口处(闸下 150 m)断面流速分布状态类似,流速大小不同。

对比研究河口闸上、下游河段整体流速云图和典型断面流速分布,可以从过水面积的变化简要分析研究范围内流速变化的原因。

在闸上 200 m 处,河道断面基本呈 V 形,过水面积较小,因此流速较大。在闸上 200 m 到闸轴线范围内,河道断面形状逐渐变为 U 形,过水面积增大,流速略有减小。在闸墩附近,仅开启单侧闸孔工况下,过水断面宽度达到最小,流速较大。在河口闸下游,由于河道加宽,流速逐渐减小。而到了河口处(闸下 150 m),由于河道底面高程抬高,过水面积急剧减小,流速再次增大。因此,在河口闸下游流速呈现先减小后增大的趋势,防冲槽处(闸下 80 m)的流速较小。

3.5 河道冲淤分析

本节内容主要包括基于单侧闸孔开启运行模式的三维计算结果,提取河道床面流速进行河道冲淤分析。图 3-59～图 3-62 分别为工况 2、工况 3、工况 5 以及工况 6 下的河道床面流速分布云图。

由图 3-59 可以看出,工况 2 下床面最大流速出现位置为闸上 200 m 断面和闸上 100 m 断面,最大流速为 0.85～0.95 m/s。工况 2 下闸上 250 m 到闸轴线处范围内,床面流速普遍大于河道泥沙的起动速度(0.53 m/s),河道会发生冲刷;闸轴线处到河口处(闸下 150 m)范围内床面流速小于起动流速

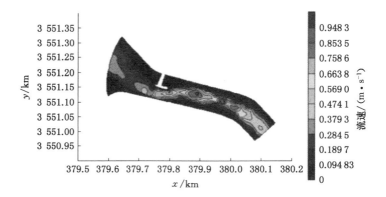

图 3-59 工况 2 下河道床面流速分布云图

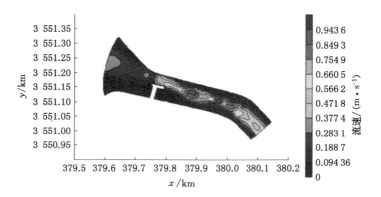

图 3-60 工况 3 下河道床面流速分布云图

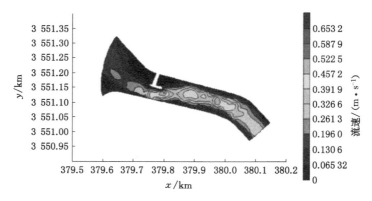

图 3-61 工况 5 下河道床面流速分布云图

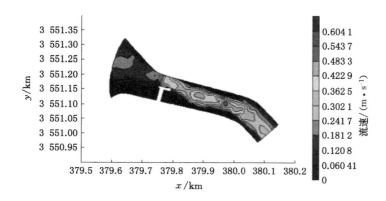

图 3-62　工况 6 下河道床面流速分布云图

(0.47 m/s),不会发生冲刷。

由图 3-60 可以看出,工况 3 下床面最大流速出现位置与工况 2 下相同,为闸上 200 m 断面和闸上 100 m 断面,最大流速为 0.85～0.94 m/s。工况 3 下闸上 250 m 到闸轴线处范围内,床面流速普遍大于河道泥沙的起动速度 (0.53 m/s),河道会发生冲刷;闸轴线处到河口处(闸下 150 m)范围内床面流速小于启动流速(0.47 m/s),不会发生冲刷。

由图 3-61 可以看出,由于仅开左闸孔,过水断面减小,工况 5 下床面最大流速出现在闸墩附近,为 0.52～0.59 m/s。工况 5 下闸上 250 m 到闸轴线处范围内,床面流速普遍低于河道泥沙的起动速度(0.53 m/s),河道不会发生冲刷,仅在闸上 200 m 断面和闸墩附近床面流速大于泥沙起动流速。闸轴线处到河口处(闸下 150 m)范围内,流速小于起动流速(0.53 m/s),不会发生冲刷。

由图 3-62 可以看出,由于上游河道束窄,过水断面减小,工况 6 下床面最大流速出现在闸上 200 m 断面,为 0.48～0.54 m/s。工况 6 下闸上 250 m 到闸轴线处范围内床面流速普遍低于河道泥沙的起动速度(0.53 m/s),河道不会发生冲刷,仅在闸上 200 m 附近区域床面流速大于泥沙起动流速,会发生冲刷;闸轴线处到河口处(闸下 150 m)范围内流速小于起动流速 (0.53 m/s),不会发生冲刷。

3.6　流态对比分析

为了对大范围水深平均水动力模型和局部三维水动力模型计算结果进行对比分析,统计组合模式 1 下各典型断面最大流速见表 3-9。

表 3-9　组合模式 1 下典型断面最大流速

	闸孔全开时的流速/(m·s⁻¹)	仅开左闸孔时的流速/(m·s⁻¹)	仅开右闸孔时的流速/(m·s⁻¹)
闸上 200 m 断面	1.27	1.27	1.27
闸上 100 m 断面	1.24	1.22	1.24
闸轴线处断面	0.55	0.70	0.73
防冲槽处 (闸下 80 m)断面	0.26	0.35	0.34
闸下 100 m 断面	0.35	0.36	0.38
闸下 150 m 断面	0.50	0.50	0.50

由表 3-9 可以得到以下结论。

(1) 单侧闸孔开启对流速的影响出现在闸上 100 m 断面至闸下 100 m 断面,闸上 200 m 断面和闸下 150 m 断面流速在闸门 3 种开启形式下基本相同。

(2) 在闸上 100 m 断面,仅开左闸孔时的最大流速小于闸孔全开和仅开右闸孔时的最大流速。这是因为闸孔全开和仅开右闸孔时主流偏向右岸,而仅开左闸孔会改变主流方向,使主流折转至右岸,导致最大流速偏小。

(3) 在闸轴线处,仅开单侧闸孔时的过水断面明显小于闸孔全开时的过水断面,因此单侧闸孔开启的最大流速大于闸孔全开时的最大流速。相比于仅开左闸孔,仅开右闸孔时对应的过水断面面积更小、最大流速也更大。

(4) 在闸下 100 m 断面,仅开右闸孔会加剧主流向右岸的偏流趋势,因此仅开右闸孔时的最大流速大于仅开左闸孔和闸孔全开时的最大流速。

（5）从纵向上看,河口闸上游流速明显大于河口闸下游流速,这是由于闸上游河道束窄,过水断面明显小于闸下游。

统计组合模式 2 下各典型断面最大流速见表 3-10。

表 3-10　组合模式 2 下典型断面最大流速

	闸孔全开时的流速/(m·s⁻¹)	仅开左闸孔时的流速/(m·s⁻¹)	仅开右闸孔时的流速/(m·s⁻¹)
闸上 200 m 断面	0.68	0.68	0.68
闸上 100 m 断面	0.60	0.58	0.60
闸轴线处断面	0.29	0.48	0.52
防冲槽处（闸下 80 m）断面	0.16	0.25	0.25
闸下 100 m 断面	0.24	0.24	0.27
闸下 150 m 断面	0.29	0.27	0.30

由表 3-10 可以得到以下结论。

（1）由于组合模式 2 较组合模式 1 的水位有所升高,导致河道整体过水断面面积增大,同一断面上组合模式 2 的最大流速总小于组合模式 1 对应的流速。

（2）组合模式 2 下单侧闸孔开启对流速的影响范围比组合模式 1 更大,影响范围为闸上 100 m 断面至闸下 150 m 断面。

（3）在闸上 100 m 断面至闸下 100 m 断面,不同闸孔开启形式最大流速的差异情况与组合模式 1 完全相同。

（4）在闸下 150 m 断面,长江水位的抬升加大了主流向右岸偏流的效应,导致闸孔全开和仅开右闸孔时的最大流速增大,而仅开左闸孔时由于主流偏转向右岸最大流速偏小。

3.7　小结

本章构建了大范围水深平均模型及局部三维水动力模型,对河口闸单侧闸孔开启模式进行了水动力数值模拟,分析了各种工况下的流速分布特征,并将计算的河床流速与河道泥沙起动速度进行比较,对河道冲淤进行了初步分析,得到的主要结论如下。

（1）单侧闸孔开启对流速分布的影响主要出现在闸上 100 m 断面至闸下 150 m 断面,在闸轴线处断面流速差异达到最大,越向下游河口处流速分布差异越小。其中,组合模式 1 在闸下 150 m 断面流速分布差异已经基本消失;组合模式 2 在闸下 150 m 断面流速分布仍存在差异。

（2）当上游来流量为 60 m³/s、河口水位为 3.50 m 时,单开左闸孔和单开右闸孔冲刷位置基本一致,闸上 250 m 断面至闸轴线处河道流速大于泥沙起动流速,会发生冲刷;闸下游河道流速小于泥沙起动流速,不会发生冲刷。

（3）当上游来流量为 60 m³/s、河口水位为 4.50 m 时,仅开左闸孔工况:闸墩附近和闸上 200 m 断面流速大于泥沙起动流速,会发生冲刷;河道其余位置流速小于泥沙起动流速,不会发生冲刷。仅开右闸孔工况:仅闸上 200 m 断面流速大于泥沙起动流速,会发生冲刷;河道其余位置流速小于泥沙起动流速,不会发生冲刷。

（4）相比于仅开右闸孔的工况,仅开左闸孔时,河道冲刷范围更大,且闸墩附近的冲刷也更严重。对于闸轴线处到河口处(闸下 150 m)范围,仅开左闸孔或仅开右闸孔都不会发生河道冲刷现象。

（5）仅开右闸孔时,河口闸下游水流向右岸的偏流效应会增强。

4　正常运行闸室整体结构
静动力仿真分析

三汊河河口闸闸基为深厚的淤泥质粉质黏土、粉质黏土及粉砂等高压缩性土,土体抗剪强度指标低。为满足地基承载力、稳定和变形的要求,在闸墩处底板下布置钻孔灌注桩,单块底板下共布置 96 根桩径为 1 000 mm、桩长为 54 m 的直桩,闸室结构的整体稳定主要依靠灌注桩基础的水平承载力和竖向承载力。由于工程采用开敞式宽孔口闸室结构,单孔净宽为 40 m,在最高挡水位情况下(校核工况,上游水位为 7.00 m,下游水位为 2.77 m),单孔闸室承受的水平水推力高达 7 800 kN。另外,闸室承受的上部荷载主要集中在两侧墩墙顶部,中墩侧面无荷载作用,而边墩侧面受到土压力作用。因此,三汊河河口闸闸室结构受力复杂,且为不对称受力。

针对三汊河河口闸底板跨度大、静水压力大和地基基础复杂的特点,为全面了解闸室水平荷载和竖向荷载在群桩基础及闸基土体之间的分配情况,采用通用有限元分析软件 ANSYS 对闸室结构、基础钻孔灌注桩和地基土体进行整体三维有限元受力分析,分析时综合考虑结构与地基土体之间的相互作用。

4.1 有限元数值模型

4.1.1 计算区域

本工程采用两块整体式筏板结构,根据闸室结构的近似对称条件,计算仅取右岸 2# 闸孔进行分析。有限元计算区域上部取到启闭机排架顶高程 20.00 m,下部取到灌注桩桩底以下 6.00 m 深处,即高程 −61.50 m 处,以反映桩底以下土层对结构受力的影响;顺水流方向自闸室外边线向上、下游各取 40.00 m;垂直水流方向由边闸墩往外取至堤顶。

4.1.2 材料本构及单元类型

混凝土材料采用线弹性模型,土体采用 DP 模型。闸室底板、墩墙、启闭机排架和地基采用三维实体单元模拟,混凝土灌注桩采用空间梁单元模拟。

2# 闸孔有限元计算的整体网格模型和底板-桩基局部网格模型见图 4-1、图 4-2。X 正向为垂直水流方向,指向右岸;Y 正向为顺水流方向,由上游侧指向下游侧;Z 正向竖直向上。

图 4-1 有限元整体网格模型

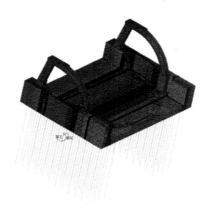

图 4-2 底板-桩基局部网格模型

4.1.3 计算工况与荷载组合

根据河口闸设计水位组合,对河口闸进行结构稳定复核。工程所在区域地震烈度为Ⅶ级,需抗震设防。闸室所受的主要荷载有自重、水重、水平水压力、扬压力(浮托压力和渗透压力)和浪压力等。闸室稳定计算工况及荷载组合见表 4-1。

表 4-1 闸室稳定计算工况及荷载组合

序号	计算工况	荷载					
		自重	水重	静水压力	扬压力	浪压力	地震惯性力
①	设计工况(挡水)(闸上水位为 6.50 m,闸下水位为 2.10 m)	√	√	√	√	√	
②	校核工况(挡水)(闸上水位为 7.00 m,闸下水位为 2.77 m)	√	√	√	√	√	
③	地震工况(挡水)(闸上水位为 6.50 m,闸下水位为 3.50 m)	√	√	√	√	√	√

4.1.4　计算方法

采用 ANSYS 软件静力分析与模态分析,建立 5 个施工阶段来仿真闸室结构的施工浇筑过程,以及 3 种计算工况下的受力特性如下。

(1)地基初始应力分析阶段,利用土体自重计算初始地应力场,本阶段计算完毕读取预应力,位移清零。

(2)灌注桩及上部结构建模。

(3)激活设计工况荷载进行静力分析。

(4)重新加载预应力模型,激活校核工况荷载进行静力分析。

(5)重新加载预应力模型,激活地震工况荷载,采用振型分解法进行模态分析。

有限元计算时土体的力学参数按表 4-2 选取,土体弹性模量取表 4-2 中压缩模量的 3 倍,泊松比取 0.3。

表 4-2　闸基部分岩土层物理力学指标

| 层序 | 岩土名称 | 重力密度/(kN·m⁻³) | 压缩系数/MPa⁻¹ | 压缩模量/MPa | 直剪 | | | | 双桥静探 | |
| | | | | | 快剪 | | 固结快剪 | | 锥头阻力/MPa | 侧阻力/kPa |
					黏聚力/kPa	内摩擦角/(°)	黏聚力/kPa	内摩擦角/(°)		
①	素填土	18.6	0.443	4.46	20.2	9.3	16.0	27.3	0.70	27.9
②	淤泥质粉质黏土	17.9	0.608	3.51	11.2	7.4	13.9	15.1	0.96	19.8
②₁	粉质黏土	17.9	0.609	3.62	16.1	7.3	15.1	14.1	0.42	12.7
③	粉质黏土	18.0	0.551	3.74	14.1	7.6	22.0	13.3	1.37	34.7
③₂	粉土	18.0	0.454	4.49	9.1	16.6	14.0	17.3	3.43	81.4
③₃	粉砂	18.1	0.339	5.75	7.2	17.1	/	/	/	/

4.2 闸室整体稳定分析

4.2.1 桩基位移及轴力

3 种工况下的桩顶位移和轴力计算结果见表 4-3,灌注桩桩顶位移云图见图 4-3～图 4-5。

表 4-3　3 种工况下的桩顶位移和轴力计算结果

工况	Y 向位移 最大值/mm	Z 向沉降 最大值/mm	桩身最大轴力 /kN
设计工况	8.0	7.2	1 147
校核工况	7.0	7.1	1 239
地震工况	9.0	7.4	1 316

根据《建筑桩基技术规范》(JGJ 94—2018),对于桩身配筋率不小于 0.65% 的灌注桩,地面处水平位移可按 10 mm 控制。由于本工程钻孔灌注桩桩身实际配筋率为 1.37%,对桩顶水平位移按 10 mm 进行控制。

计算结果表明:

(1) 灌注桩桩顶水平位移最大值为 9.0 mm,满足规范要求。

(2) 灌注桩桩顶 Z 向最大沉降值为 7.4 mm,满足《水闸设计规范》(SL 265—2016)对闸基沉降变形的要求。

(3) 桩基轴力最大值为 1 316 kN,小于单桩设计承载力 2 700 kN,桩身竖向承载力满足规范要求。

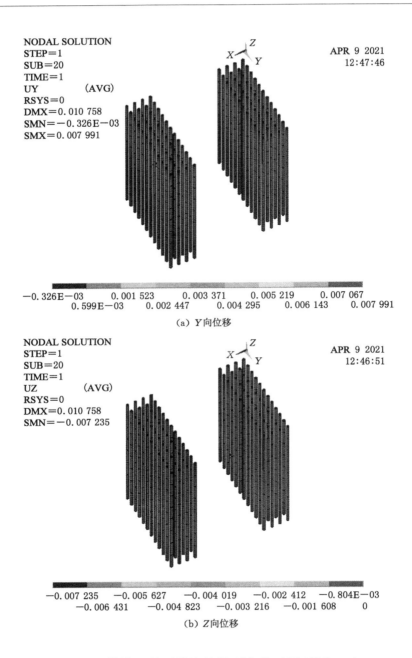

(a) Y 向位移

(b) Z 向位移

图 4-3　设计工况下灌注桩桩顶位移云图(单位:m)

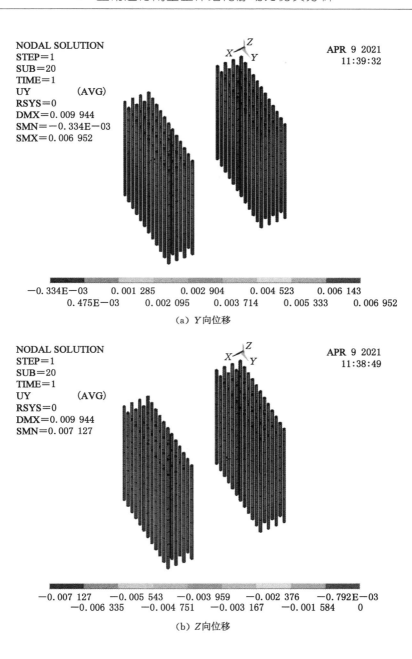

图 4-4　校核工况下灌注桩桩顶位移云图(单位:m)

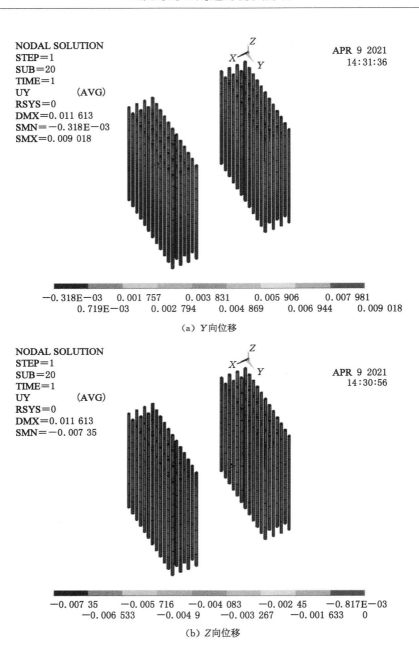

NODAL SOLUTION
STEP=1
SUB=20
TIME=1
UY   (AVG)
RSYS=0
DMX=0.011 613
SMN=−0.318E−03
SMX=0.009 018

APR 9 2021
14:31:36

−0.318E−03   0.001 757   0.003 831   0.005 906   0.007 981
      0.719E−03   0.002 794   0.004 869   0.006 944   0.009 018

（a）Y向位移

NODAL SOLUTION
STEP=1
SUB=20
TIME=1
UY   (AVG)
RSYS=0
DMX=0.011 613
SMN=−0.007 35

APR 9 2021
14:30:56

−0.007 35   −0.005 716   −0.004 083   −0.002 45   −0.817E−03
      −0.006 533   −0.004 9   −0.003 267   −0.001 633   0

（b）Z向位移

图 4-5   地震工况下灌注桩桩顶位移云图（单位：m）

4.2.2 闸底板沉降

3 种工况下闸底板沉降计算结果见表 4-4。3 种工况下闸室底板沉降云图见图 4-6～图 4-8。

表 4-4 3 种工况下闸底板沉降计算结果

计算工况	最大沉降/mm	最小沉降/mm	最大不均匀沉降/mm
设计工况	9.9	4.7	5.2
校核工况	9.9	4.6	5.3
地震工况	10.1	4.8	5.3

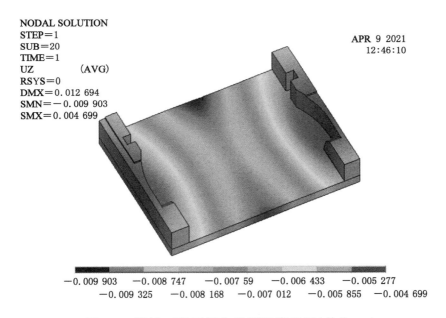

图 4-6 设计工况下闸室底板沉降云图(单位:m)

表 4-4 中的计算成果表明,在地震工况下,闸底板最大沉降量为 10.1 mm,最大不均匀沉降量为 5.3 mm。根据《水闸设计规范》(SL 265—2016),对于土质地基,水闸地基最大沉降量不宜超过 15 cm,相邻部位的最

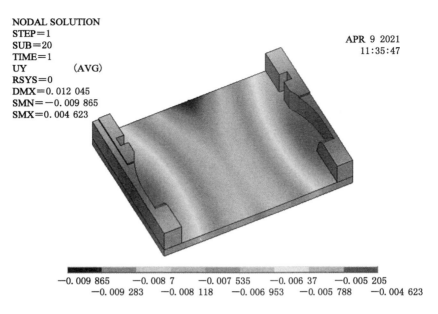

图 4-7　校核工况下闸室底板沉降云图(单位:m)

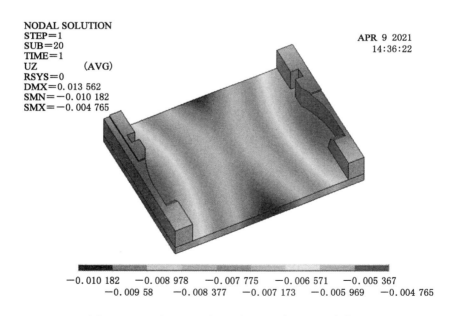

图 4-8　地震工况下闸室底板沉降云图(单位:m)

大沉降差不宜超过5 cm。因此,三汉河河口闸闸室沉降变形满足规范要求。

4.2.3 闸室抗滑稳定分析

土基上闸基底面抗滑稳定安全系数计算公式如下:

$$K_c = \frac{f \sum G}{\sum H} \tag{4-1}$$

式中 K_c——沿闸室基底面的抗滑稳定安全系数;

f——闸室基底面与土质地基之间的摩擦系数,淤泥质粉质黏土地基取 $f = 0.30$;

$\sum G$——作用在闸室上的全部竖向荷载,kN;

$\sum H$——作用在闸室上的全部水平向荷载,kN。

根据闸底板强度复核有限元计算结果(见 4.3 节),对闸底板 Y 向(顺水流方向)应力求和,得出闸室上的全部水平向荷载;对闸底板 Z 向(竖直方向)应力求和,得出闸室上的全部竖向荷载,由式(5-8)计算闸室整体抗滑稳定安全系数,计算结果见表 4-5。计算结果表明,在各种工况下,闸室抗滑稳定安全系数满足规范要求。

表 4-5 3 种工况下闸室抗滑稳定计算结果

计算工况	垂直力/kN	水平力/kN	抗滑稳定安全系数	
			K_c	$[K_c]$
设计工况	189 592	8 595	6.62	1.25
校核工况	185 236	10 083	5.51	1.10
地震工况	185 608	20 575	2.71	1.05

4.3 闸室结构强度分析

结构强度复核的主要对象为闸底板、闸墩以及排架等,复核方法、参数与工况等与 4.2 节闸室整体稳定复核相同。

经安全检测,三汊河河口闸所检测的闸墩、翼墙混凝土现有抗压强度推定值为 33.7～46.2 MPa,均满足设计和规范要求。

闸墩、翼墙的混凝土碳化深度平均值为 1.00～3.00 mm,整体碳化深度较小,均为超过实测钢筋保护层厚度,为 A 类碳化;钢筋保护层厚度平均值为 46.00～85.00 mm,其中 3# 闸墩钢筋保护层厚度不满足设计要求,但满足现行规范要求,其余所测构件均满足设计和规范要求。综合闸墩和翼墙的外观状况、碳化深度和保护层厚度检测结果分析,所测钢筋混凝土构件中的钢筋属未锈蚀阶段至锈蚀阶段初期。

依据上述检测结果,对闸底板、闸墩以及排架等结构进行静动力仿真分析。

4.3.1　闸底板强度

三汊河河口闸底板混凝土设计强度等级为 C30,底板底部的钢筋保护层厚度为 110.00 mm,其余部位的钢筋保护层厚度为 50.00 mm。

3 种工况下闸底板应力计算结果见表 4-6,3 种工况下闸底板应力云图见图 4-9～图 4-11。

表 4-6　3 种工况下闸底板应力计算结果　　　单位:MPa

成果	计算工况	σ_{xx}		σ_{yy}		σ_{zz}		最大主拉应力	最大主压应力
		拉应力	压应力	拉应力	压应力	拉应力	压应力		
本次复核	设计工况	0.07	0.51	0.08	0.44	0.12	0.76	0.29	1.12
	校核工况	0.06	0.53	0.05	0.41	0.13	0.80	0.49	1.07
	地震工况	0.06	0.53	0.10	0.48	0.11	0.81	0.60	1.11

根据表 4-6 中的数据可知,各工况下闸底板最大拉应力为 0.60 MPa,最大压应力为 1.12 MPa,均小于 C30 混凝土的设计强度。

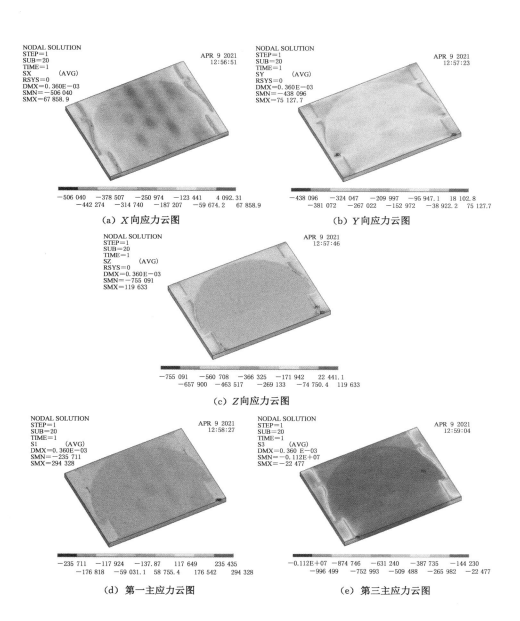

图 4-9　设计工况下闸底板应力云图(单位:Pa)

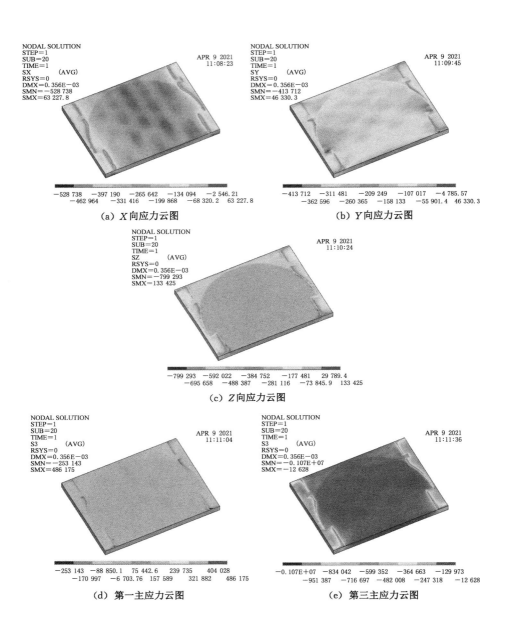

图 4-10　校核工况下闸底板应力云图(单位:Pa)

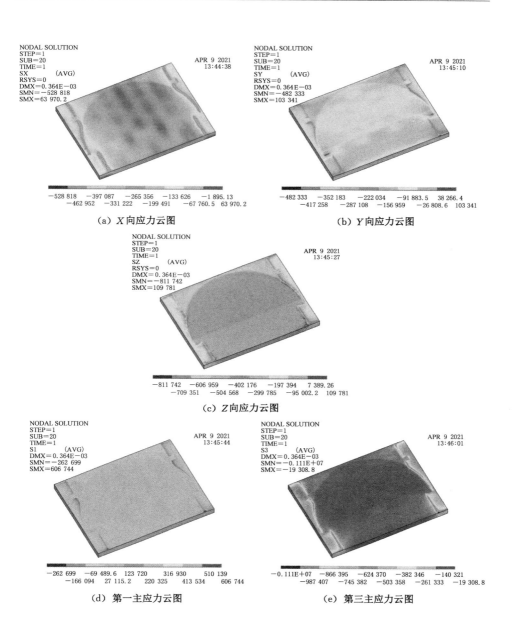

（a）X 向应力云图　　　　　　　　（b）Y 向应力云图

（c）Z 向应力云图

（d）第一主应力云图　　　　　　　（e）第三主应力云图

图 4-11　地震工况下闸底板应力云图（单位：Pa）

　　根据观测资料分析,闸底板扬压力过程线总体变化平缓,测值范围为28～110 kPa,变化规律历年保持基本一致,无异常变化;闸底板地基土压力过程线总体变化平缓,测值范围为39～127 kPa,变化规律历年保持基本一致,无异常变化;闸底板灌注桩桩顶压力过程线总体变化平缓,测值范围为－0.315～1.577 MPa,测值与闸底板应力计算结果基本一致,变化规律历年保持基本一致,无异常变化,闸底板结构强度满足规范要求。

4.3.2　闸墩强度

　　三汊河河口闸闸墩混凝土设计强度等级为 C40,支铰处钢筋保护层厚度为 120.00 mm,其余部位钢筋保护层厚度为 60.00 mm。3 种工况下闸墩应力计算结果见表 4-7、表 4-8,各工况下闸墩应力云图见图 4-12～图 4-14。

表 4-7　3 种工况下中闸墩应力计算结果　　　　单位:MPa

计算工况	σ_{xx}		σ_{yy}		σ_{zz}		最大主拉应力	最大主压应力
	拉应力	压应力	拉应力	压应力	拉应力	压应力		
设计工况	0.77	0.90	0.58	1.53	0.64	3.44	0.91	3.67
校核工况	0.66	0.93	0.47	1.22	0.53	3.85	0.85	4.28
地震工况	1.17	1.01	0.73	1.70	0.74	3.93	1.40	4.37

表 4-8　3 种工况下边闸墩应力计算结果　　　　单位:MPa

计算工况	σ_{xx}		σ_{yy}		σ_{zz}		最大主拉应力	最大主压应力
	拉应力	压应力	拉应力	压应力	拉应力	压应力		
设计工况	0.86	0.93	0.52	1.54	0.51	3.31	1.03	3.53
校核工况	0.81	0.90	0.42	1.26	0.52	3.63	0.97	3.93
地震工况	1.19	1.05	0.67	1.57	0.68	3.50	1.34	4.01

　　复核计算结果表明,中闸墩最大拉应力为 1.40 MPa,最大压应力为4.37 MPa;边闸墩最大拉应力为 1.34 MPa,最大压应力为 4.01 MPa。3 种工况下闸墩应力均小于 C40 混凝土设计强度,闸墩结构强度满足规范要求。

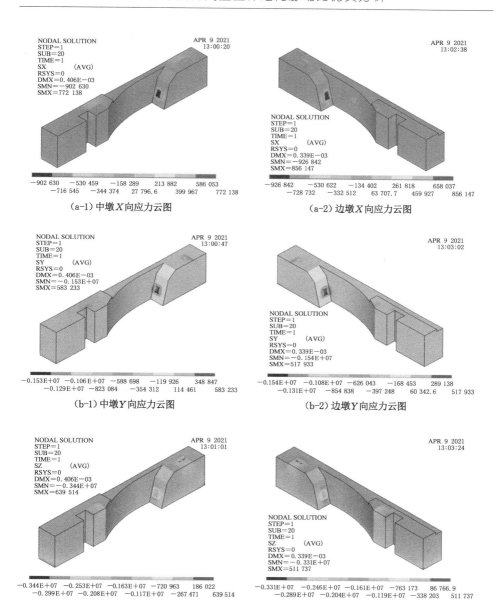

（a-1）中墩X向应力云图　　　　（a-2）边墩X向应力云图

（b-1）中墩Y向应力云图　　　　（b-2）边墩Y向应力云图

（c-1）中墩Z向应力云图　　　　（c-2）边墩Z向应力云图

图 4-12　设计工况下闸墩应力云图（单位：Pa）

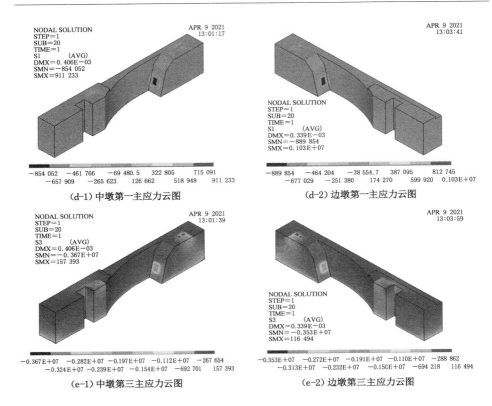

(d-1) 中墩第一主应力云图   (d-2) 边墩第一主应力云图

(e-1) 中墩第三主应力云图   (e-2) 边墩第三主应力云图

图 4-12 （续）

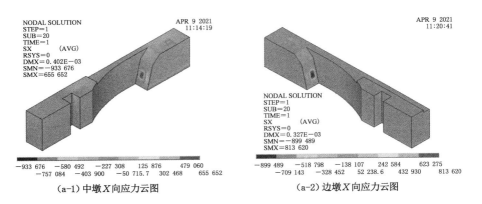

（a-1）中墩 X 向应力云图   （a-2）边墩 X 向应力云图

图 4-13 校核工况下闸墩应力云图（单位：Pa）

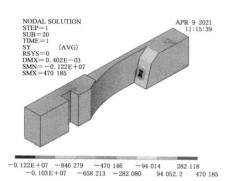

NODAL SOLUTION
STEP=1
SUB=20
TIME=1
SY (AVG)
RSYS=0
DMX=0.402E−03
SMN=−0.122E+07
SMX=470 185
APR 9 2021
11:15:39

-0.122E+07   -846 279   -470 146   -94 014   282 118
    -0.103E+07   -658 213   -282 080   94 052.2   470 185

(b-1)中墩Y向应力云图

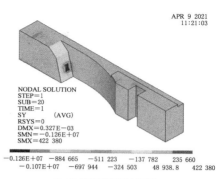

APR 9 2021
11:21:03

NODAL SOLUTION
STEP=1
SUB=20
TIME=1
SY (AVG)
RSYS=0
DMX=0.327E−03
SMN=−0.126E+07
SMX=422 380

-0.126E+07   -884 665   -511 223   -137 782   235 660
    -0.107E+07   -697 944   -324 503   48 938.8   422 380

(b-2)边墩Y向应力云图

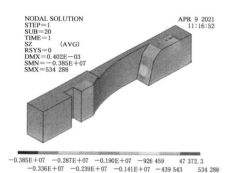

NODAL SOLUTION
STEP=1
SUB=20
TIME=1
SZ (AVG)
RSYS=0
DMX=0.402E−03
SMN=−0.385E+07
SMX=534 288
APR 9 2021
11:16:52

-0.385E+07   -0.287E+07   -0.190E+07   -926 459   47 372.3
    -0.336E+07   -0.239E+07   -0.141E+07   -439 543   534 288

(c-1)中墩Z向应力云图

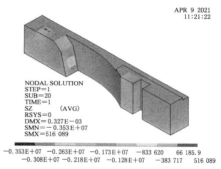

APR 9 2021
11:21:22

NODAL SOLUTION
STEP=1
SUB=20
TIME=1
SZ (AVG)
RSYS=0
DMX=0.327E−03
SMN=−0.353E+07
SMX=516 089

-0.353E+07   -0.263E+07   -0.173E+07   -833 620   66 185.9
    -0.308E+07   -0.218E+07   -0.128E+07   -383 717   516 089

(c-2)边墩Z向应力云图

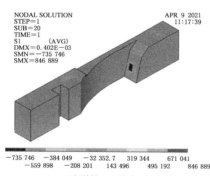

NODAL SOLUTION
STEP=1
SUB=20
TIME=1
S1 (AVG)
DMX=0.402E−03
SMN=−735 746
SMX=846 889
APR 9 2021
11:17:39

-735 746   -384 049   -32 352.7   319 344   671 041
    -559 898   -208 201   143 496   495 192   846 889

(d-1)中墩第一主应力云图

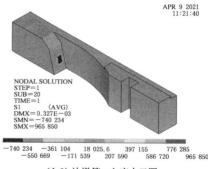

APR 9 2021
11:21:40

NODAL SOLUTION
STEP=1
SUB=20
TIME=1
S1 (AVG)
DMX=0.327E−03
SMN=−740 234
SMX=965 850

-740 234   -361 104   18 025.6   397 155   776 285
    -550 669   -171 539   207 590   586 720   965 850

(d-2)边墩第一主应力云图

图 4-13 （续）

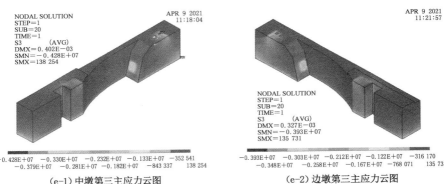

（e-1）中墩第三主应力云图　　　　　（e-2）边墩第三主应力云图

图 4-13　（续）

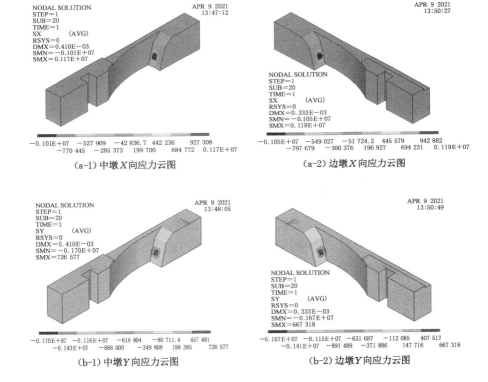

（a-1）中墩 X 向应力云图　　　　　（a-2）边墩 X 向应力云图

（b-1）中墩 Y 向应力云图　　　　　（b-2）边墩 Y 向应力云图

图 4-14　地震工况下闸墩应力云图（单位：Pa）

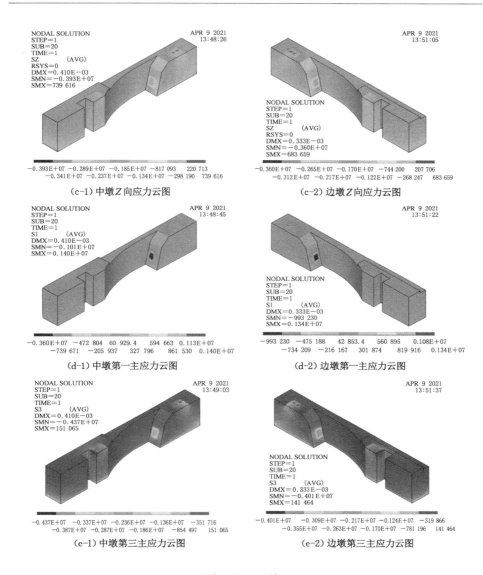

图 4-14 （续）

4.3.3 启闭机排架强度

启闭机排架混凝土设计强度等级为 C40,迎水侧钢筋保护层厚度为 80.00 mm,其余部位为 60.00 mm。3 种工况下启闭机排架应力计算结果见

表 4-9,3 种工况下启闭机排架应力云图见图 4-15～图 4-17。

表 4-9　启闭机排架应力计算结果　　　　　单位:MPa

计算工况	σ_{xx}		σ_{yy}		σ_{zz}		最大主拉应力	最大主压应力
	拉应力	压应力	拉应力	压应力	拉应力	压应力		
设计工况	0.13	0.34	0.40	1.02	0.33	0.91	0.40	1.44
校核工况	0.13	0.34	0.43	1.06	0.37	0.92	0.43	1.47
地震工况	0.17	0.34	0.49	1.02	0.56	0.93	0.80	1.54

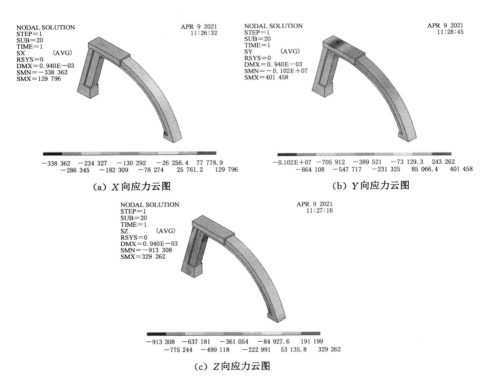

(a) X 向应力云图

(b) Y 向应力云图

(c) Z 向应力云图

图 4-15　设计工况下启闭机排架应力云图(单位:Pa)

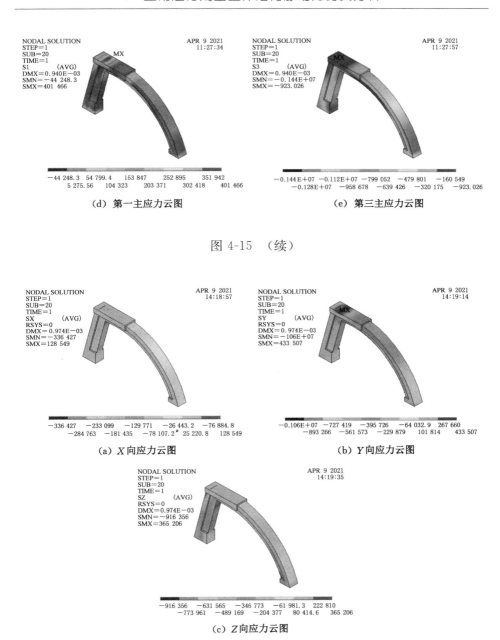

（d）第一主应力云图　　　　　　（e）第三主应力云图

图 4-15 （续）

（a）X 向应力云图　　　　　　（b）Y 向应力云图

（c）Z 向应力云图

图 4-16 校核工况下启闭机排架应力云图（单位：Pa）

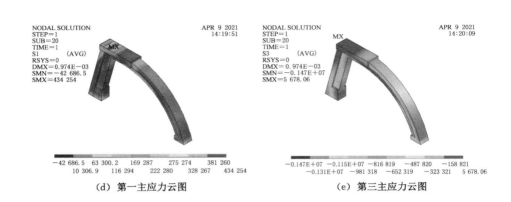

（d）第一主应力云图 　　　　　　　　（e）第三主应力云图

图 4-16 　（续）

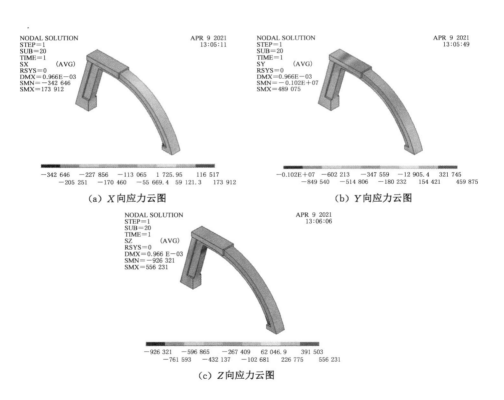

（a）X 向应力云图 　　　　　　　　　（b）Y 向应力云图

（c）Z 向应力云图

图 4-17 　地震工况下启闭机排架应力云图（单位：Pa）

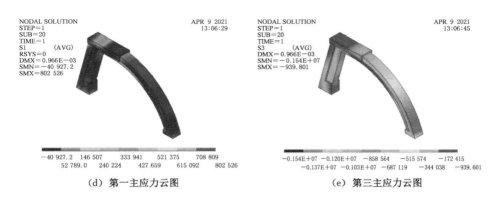

（d）第一主应力云图　　　　　　（e）第三主应力云图

图 4-17　（续）

复核计算结果表明,启闭机排架最大拉应力为 0.80 MPa,最大压应力为 1.54 MPa,均小于 C40 混凝土设计强度,启闭机排架结构强度满足规范要求。

4.4　小结

本章依据三汊河河口闸设计水位组合工况,综合考虑闸室水平荷载和竖向荷载在群桩基础及闸基土体之间的分配情况,开展了设计、校核以及地震工况下的闸室强度与稳定性模拟分析,主要结论如下。

（1）灌注桩桩顶最大水平位移为 9.00 mm,满足《建筑桩基技术规范》（JGJ 94—2018）要求。灌注桩桩顶 Z 向最大沉降为 7.4 mm,满足《水闸设计规范》（SL 265—2016）对闸基沉降变形的要求。桩基轴力最大值为 2 316 kN,小于单桩设计承载力 2 700 kN,桩身竖向承载力满足规范要求。

（2）闸底板最大沉降量为 10.10 mm,最大不均匀沉降量为 5.3 mm。闸室沉降变形满足《水闸设计规范》（SL 265—2016）要求,闸室整体抗滑稳定安全系数满足规范要求。

（3）闸底板最大拉应力为 0.60 MPa,最大压应力为 1.12 MPa,均小于 C30 混凝土的设计强度,闸底板结构强度满足规范要求。

（4）中闸墩最大拉应力为 1.40 MPa，最大压应力为 4.37 MPa；边闸墩最大拉应力为 1.34 MPa，最大压应力为 4.01 MPa。闸墩应力均小于 C40 混凝土设计强度，闸墩结构强度满足规范要求。

（5）启闭机排架最大拉应力为 0.80 MPa，最大压应力为 1.54 MPa，均小于 C40 混凝土设计强度，启闭机排架结构强度满足规范要求。

5　单孔泄流闸室结构应力位移仿真分析

　　河口闸构想的单孔泄流运行模式超出了原设计结构安全验算的工况范围,单孔泄流条件下结构位移、应力以及稳定性是否满足规范要求,需要通过科学计算,进而依据计算结果进行分析评价得出结论。

　　本章以有限元数值模拟分析为手段,进行河口闸单孔泄流工况下的结构计算与分析,为河口闸单孔泄流运行是否可行提供评价依据。首先,在深入分析河口闸地勘、设计、施工、运维以及各类科研报告的基础上,研究了进行数值分析中必须考虑的问题;其次,基于问题导向,建立可综合反映地基材料、桩基与地基、闸底板与地基等接触非线性以及水闸结构各类细部特征的有限元数值模型;再次,进行各种预设工况下的结构计算,获取结构各部件的位移、应力极值及其分布图;最后,对照结构安全评价标准,对闸室结构的安全性进行了评价。

5.1　有限元数值模型

　　河口闸的地基为软土地基,地基处理采用混凝土灌注桩基础,闸室采用整体式大跨度钢筋混凝土坞式结构,因此,为了通过有限元数值模拟分析获得较为符合实际的计算结果,计算模型建立必须考虑以下几个问题。

（1）需要合理选择地基材料的本构模型，以反映软土地基受荷后的非线性变形特性。

（2）由于灌注桩的刚度、水闸上部结构的刚度与软土的刚度差异悬殊，受荷后桩体与地基土之间、水闸上部结构与地基土或回填土之间，可能会产生不协调位移，因此，这些部位需要考虑设置合理的单元模式，以反映其两者之间的接触非线性特性。

（3）为了提高整体计算精度，单元划分应尽可能使用规整化的六面体网格。

（4）需要评估计算模型截取范围，最大限度地减小边界选取对计算结果的影响。

为了获得可靠的计算结果，综合考虑现有商业软件的特点以及使用的广泛度，本次有限元数值模拟在 ANSYS 软件平台上完成。

5.1.1　实体材料本构模型选取

5.1.1.1　软土地基材料本构

目前，能较好地反映软土非线性特性的本构模型是土的弹塑性本构模型，这些模型中判断土体屈服与破坏的准则主要有莫尔-库仑准则与德鲁克-普拉格准则。

莫尔-库仑准则是岩土、混凝土类材料常用的屈服准则，其屈服函数表示为

$$f = |\tau| + \sigma_n \tan \varphi - c \tag{5-1}$$

式中　τ——材料破坏面上的剪应力；

　　　σ_n——破坏面上的正应力（以拉为正）；

　　　φ——内摩擦角；

　　　c——黏聚力。

若用应力不变量表示，则莫尔-库仑准则可表示为：

$$f(I_1, J_2, \theta) = \frac{1}{3} I_1 \sin \theta + \sqrt{J_2} \left(\cos \theta - \frac{1}{\sqrt{3}} \sin \theta \sin \varphi \right) - c \cos \varphi \tag{5-2}$$

式中　I_1——第一应力不变量；

　　　J_2——第二偏应力不变量；

　　　θ——罗德(Lode)角。

德鲁克-普拉格准则是对莫尔-库仑准则的简化，它的破坏面在应力空间为一圆锥面，在 π 平面上的截面为一圆，其屈服函数表示为：

$$f(I_1,J_2)=\alpha I_1+\sqrt{J_2}-\kappa \tag{5-3}$$

式中　α、κ——材料常数，它们与内摩擦角 φ 和黏聚力 c 的关系为：

$$\alpha=\frac{2\sin\varphi}{\sqrt{3}(3\pm\sin\varphi)}\ ,\ \kappa=\frac{6c\cos\varphi}{\sqrt{3}(3\pm\sin\varphi)} \tag{5-4}$$

式中，"＋"号对应于德鲁克-普拉格圆锥面与莫尔锥体的内角点相接，"－"号则对应于德鲁克-普拉格圆锥面与莫尔锥体外接。

河口闸有限元建模中，地基土体选用基于德鲁克-普拉格准则的弹塑本构模型。

5.1.1.2　灌注桩桩体、闸室混凝土本构

已有的经验与同等规模其他类似工程的计算结果表明，对于软土中灌注桩桩体，闸室钢筋混凝土发生塑性破坏概率小，综合考虑计算工作量，此类材料本构选用线弹性本构模型。

5.1.2　接触计算模型

为了正确模拟灌注桩与地基土之间、闸室混凝土与地基或回填土之间的非线性接触特性，模型建立过程中通过在上述界面处设置接触单元进行模拟，接触单元则通过 CONTA173 单元和 TARGE170 单元完成。

CONTA173 单元和 TARGE170 单元构成无厚度三维接触单元时，用于描述与接触单元相关的特性。由于接触对是无厚度的，有时会使接触面间的单元发生重叠，因此需要定义法向接触条件。法向接触条件应该满足两物体不能相互贯穿，设 g_N 是两接触面的最近距离，u_N^A 和 u_N^B 是接触点在法向的位移增量，不可贯入条件可以写为：

$$u_N^A-u_N^B+g_N=0 \tag{5-5}$$

CONTA173 单元和 TARGE170 单元构成无厚度三维接触单元对采用莫尔-库仑强度准则,库仑摩擦模型假定切向力的数值不能超过它的极限值,即:

$$|{}^tF_T^A| \leqslant \mu |{}^tF_N^A| \tag{5-6}$$

式中　$|{}^tF_N^A|$、$|{}^tF_T^A|$——t 时刻接触点法向和切向的力;

　　　μ——界面摩擦系数。

当黏结接触时,界面无相对滑动,式(5-6)成立。

$$u_T^A = u_T^B \tag{5-7}$$

式中　u_T^A、u_T^B——接触点对的切向位移增量。

当滑动接触时,式(5-7)成立。

$$|{}^{t+\Delta t}F_T^A| - \mu |{}^{t+\Delta t}F_N^A| = 0 \tag{5-8}$$

式中　${}^{t+\Delta t}F_N^A$——$t + \Delta t$ 时刻的法向接触力;

　　　${}^{t+\Delta t}F_T^A$——$t + \Delta t$ 时刻的切向接触力。

表 5-1 列出了实际求解过程中,接触问题的定解条件和校核条件。

表 5-1　接触状态校核表

接触状态		定解条件	校核条件
接触	黏结	(1) $u_N^A - u_N^B + g_N = 0$ (2) $u_T^A - u_T^B = 0$	(1) ${}^{t+\Delta t}F_N^A > 0$ 若不满足,则转换为分离 (2) $\|{}^{t+\Delta t}F_T^A\| - \mu\|{}^{t+\Delta t}F_N^A\| = 0$ 若不满足,则转换为滑动接触
	滑动	(1) $u_N^A - u_N^B + g_N = 0$ (2) $\|{}^{t+\Delta t}F_T^A\| - \mu\|{}^{t+\Delta t}F_N^A\| = 0$	(1) ${}^{t+\Delta t}F_N^A > 0$ 若不满足,则转换为分离 (2) $(u_T^A - u_T^B){}^{t+\Delta t}F_T^A < 0$ $\|u_T^A - u_T^B\| > \varepsilon_s$ 若不满足,则转换为黏结
分离		${}^{t+\Delta t}F^A = {}^{t+\Delta t}F^B = 0$ 此条件是无接触力作用的自由边界条件	$({}^{t+\Delta t}x^A - {}^{t+\Delta t}x^B){}^{t+\Delta t}n^B > \varepsilon_d$ 若不满足,则转换为黏结

5.1.3 实体单元模式选择

考虑到结构几何模型的复杂性,全部采用八结点六面单元进行网格划分难以完成模型的建立,因此,网格的划分原则上是尽可能采用结构化的八结点六面单元,局部区域可应用非六面体单元过渡,以保证获得最高的计算精度。

5.1.4 模型计算坐标系统

有限元模型中坐标原点取在底板与右岸边墩相交处的上游底部,Y 方向沿水闸顺河流方向,指向下游为正;Z 方向沿高程方向,向上为正;X 方向垂直河流方向,指向右岸为正。

5.1.5 模型计算边界的确定及约束

模型计算区域范围确定如下:整体结构和地基计算模型的选取范围从闸室向上部取到启闭机排架高度,即高程 20.00 m,向左岸及上、下游各延伸 1 倍闸室宽度,即 40.00 m,地基深度取灌注桩底 6.00 m 深度,即高程-61.50 m。

对地基上、下游边界施加 Y 方向约束;对地基左岸施加 X 方向约束,对右岸施加对称约束,对底部施加 Z 方向约束。

5.1.6 材料参数

5.1.6.1 软土地基土

通过对地勘资料以及土工试验参数的综合分析可知,闸室下地基土层大至化分为4层,从上到下依次为素填土层、淤泥质粉质黏土层、粉质黏土层和粉砂层,深度分别为 6.00 m、30.00 m、8.00 m、14.00 m。地基土体选用基于德鲁克-普拉格准则的弹塑模型,各土层模型计算参数见表5-2。

表 5-2   地基土模型计算参数

层序	岩土名称	重力密度 /(kN·m⁻³)	弹性模量 /MPa	泊松比	黏聚力 /kPa	内摩擦角 /(°)
①	素填土	18.60	17.84	0.30	2.10	31.00
②	淤泥质粉质黏土	17.90	14.04	0.48	7.00	20.00
③	粉质黏土	18.00	14.96	0.42	5.00	25.00
④	粉砂	18.10	22.88	0.22	1.00	30.00

5.1.6.2　混凝土材料

　　闸室底板、墩墙、启闭机排架、灌注桩采用线弹性模型,计算参数见表 5-3。

表 5-3   混凝土材料模型计算参数

名称	重力密度 /(kN·m⁻³)	弹性模量 /MPa	泊松比
底板	25.00	30 000	0.167
墩墙	25.00	32 500	0.167
启闭机排架	25.00	32 500	0.167
灌注桩	25.00	32 500	0.167

5.1.7　网格划分情况

　　有限元模型共有的实体单元有 778 477 个,接触单元有 97 292 个。图 5-1 为整体有限元模型图,图 5-2 为底板有限元模型图,图 5-3 为支铰有限元模型图,图 5-4 为灌注桩有限元模型图,图 5-5 为接触单元整体分布图。

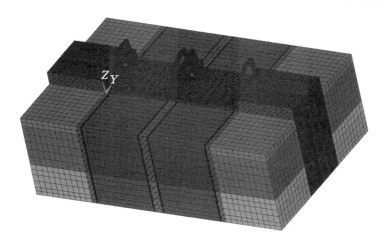

图 5-1 整体有限元模型

图 5-2 底板有限元模型

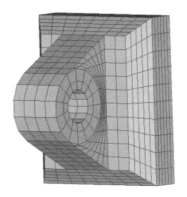

图 5-3 支铰有限元模型

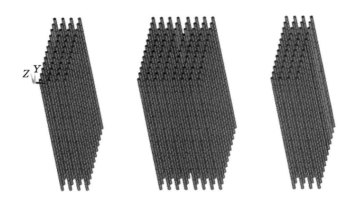

图 5-4　灌注桩有限元模型

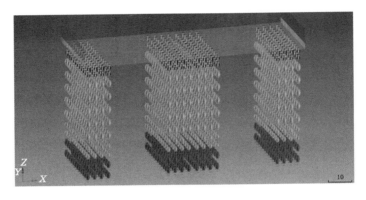

图 5-5　接触单元整体分布

5.2　工况组合

南京市三汊河河口闸管理处结合河口闸实际运行情况,拟定了两种可能单孔开启运行模式。第一种模式为闸上水位 6.00 m、闸下水位 3.50 m;第二种模式为闸上水位 6.00 m、闸下水位 4.50 m。

依据此设定模式,设立如表 5-4 所示 14 种工况进行闸室结构计算分析。

表 5-4 闸室结构计算工况组合

工况编号	秦淮河侧水位/m	长江侧水位/m	闸门开闭情况	闸门开启角度/(°)
工况 1	6.0	3.5	全关	
工况 2	6.0	3.5	单开左侧	5
工况 3	6.0	3.5	单开左侧	10
工况 4	6.0	3.5	单开左侧	60
工况 5	6.0	3.5	单开右侧	5
工况 6	6.0	3.5	单开右侧	10
工况 7	6.0	3.5	单开右侧	60
工况 8	6.0	4.5	全关	
工况 9	6.0	4.5	单开左侧	5
工况 10	6.0	4.5	单开左侧	10
工况 11	6.0	4.5	单开左侧	60
工况 12	6.0	4.5	单开右侧	5
工况 13	6.0	4.5	单开右侧	10
工况 14	6.0	4.5	单开右侧	60

5.3 闸孔全关工况下水闸位移应力计算结果分析

5.3.1 桩基位移、应力及承载力分析

5.3.1.1 桩基位移、应力及承载力结果

闸孔全关工况下灌注桩桩顶位移、应力及桩周摩阻力计算结果见表 5-5,图 5-6 为工况 1 下灌注桩 Y 向位移图,图 5-7 为工况 1 下灌注桩 Z 向位移图。

表 5-5　闸孔全关工况下桩顶位移、应力和承载力

工况编号	Y 向最大位移/mm	Z 向最大沉降/mm	桩身最大正应力/MPa	桩周摩阻力/kN
工况 1	8.76	3.24	1.33	1 416
工况 8	6.97	3.30	1.33	1 419

5.3.1.2　结果分析

(1) 由图 5-6 可以看出,工况 1 下桩体顺河向位移指向下游方向,位移量值由下部到上部逐渐增大。灌注桩桩顶 Y 向位移最大值为 8.76 mm。依据《建筑桩基技术规范》(JGJ 94—2018),对于桩身配筋率不小于 0.65% 的灌注桩,地面处水平位移可按 10 mm 控制。本工程钻孔灌注桩桩身实际配筋率为 1.37%,对桩顶水平位移按 10 mm 进行控制,因此该工况下桩顶位移满足规范要求。工况 8 下桩体顺河向位移指向下游方向,位移量值由下部到上部逐渐增大。灌注桩桩顶 Y 向位移最大值为 6.97 mm。依据《建筑桩基技术规范》(JGJ 94—2018),对于桩身配筋率不小于 0.65% 的灌注桩,地面处水平位移可按 10 mm 控制。本工程钻孔灌注桩桩身实际配筋率为 1.37%,对桩顶水平位移按 10 mm 进行控制,因此该工况下桩顶位移满足规范要求。

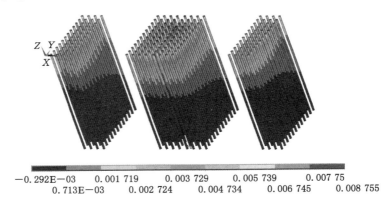

图 5-6　工况 1 下灌注桩 Y 向位移(设计工况,单位:m)

(2) 由图 5-7 可以看出,工况 1 下灌注桩桩身竖向位移总体呈现向下位

移,桩顶位移大,随深度增加桩体竖向位移逐步减小。桩竖向位移最大值为3.24 mm,发生在两侧边墩靠上游部位。桩体竖向最大位移值满足《水闸设计规范》(SL 265—2016)对闸基沉降变形的要求。工况8下灌注桩桩身竖向位移总体呈现向下位移,桩顶位移大,随深度增加桩体竖向位移逐步减小。桩竖向位移最大值为3.30 mm,也发生两侧边墩靠上游部位。桩体竖向最大位移值满足《水闸设计规范》(SL 265—2016)对闸基沉降变形的要求。

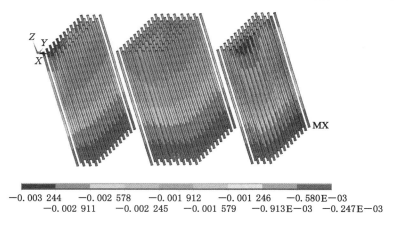

−0.003 244	−0.002 578	−0.001 912	−0.001 246	−0.580E−03
−0.002 911	−0.002 245	−0.001 579	−0.913E−03	−0.247E−03

图 5-7　工况 1 下灌注桩 Z 向位移(设计工况,单位:m)

(3)工况 1 下桩截面最大正应力为 1.33 MPa,小于 C40 强度;桩周摩阻力合计 1 416 kN,小于单桩设计承载力 2 700 kN,桩身竖向承载力满足规范要求。

工况 8 下桩截面最大正应力为 1.33 MPa,小于 C40 强度;桩周摩阻力合计 1 419 kN,小于单桩设计承载力 2 700 kN,桩身竖向承载力满足规范要求。

5.3.2　闸底板位移应力结果及分析

5.3.2.1　底板沉降位移

闸孔全关工况下,闸底板沉降值见表 5-6,图 5-8 为工况 1 下闸底板沉降等值线图。

表 5-6　闸孔全关工况下闸底板沉降

工况编号	最大沉降/mm	最小沉降/mm	最大不均匀沉降/mm
工况 1	3.52	1.57	1.95
工况 8	3.59	1.55	2.04

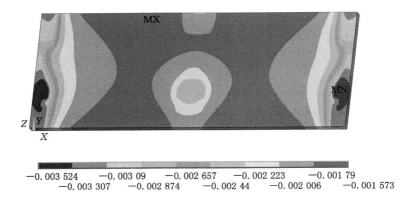

$-0.003\ 524$　　$-0.003\ 09$　　$-0.002\ 657$　　$-0.002\ 223$　　$-0.001\ 79$
　　$-0.003\ 307$　　$-0.002\ 874$　　$-0.002\ 44$　　$-0.002\ 006$　　$-0.001\ 573$

图 5-8　工况 1 下闸底板沉降等值线(单位:m)

依据图 5-8 可以看出,闸底板沉降从左、右岸方向看大致对称,大值区发生在边墩靠近上游位置,主要是由该工况下上游水位较下游水位有 2.50 m 的水位差,以及上游竖向水荷载大造成的。底板最大沉降值为 3.52 mm,出现在上游侧边墩位置;最小沉降值为 1.57 mm,位于底板下游靠近中墩区域。最大沉降差为 1.95 mm。闸底板沉降从左、右岸方向看大致对称,大值区发生在边墩靠近上游位置,主要是由该工况下上游水位较下游水位有 1.50 m 的水位差,以及上游竖向水荷载大造成的。底板最大沉降值为 3.59 mm,出现在上游侧边墩位置;最小沉降值为 1.55 mm,位于底板下游靠近中墩区域。最大沉降差为 2.04 mm。

5.3.2.2　底板水平位移

闸孔全关工况下闸底板水平位移见表 5-7,图 5-9 为工况 1 下闸室底板 Y 向位移图,图 5-10 为工况 1 下闸室底板 X 向位移图。

表 5-7　闸孔全关工况下闸底板水平位移

工况编号	Y 向最大位移/mm	X 向最大位移/mm
工况 1	10.38	4.02
工况 8	8.29	4.02

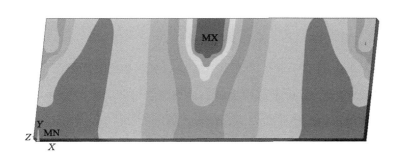

0.005 826　　0.006 838　　0.007 849　　0.008 86　　0.009 872
　　　0.006 332　　0.007 343　　0.008 355　　0.009 366　　0.010 377

图 5-9　工况 1 下闸底板 Y 向位移(单位:m)

−0.402E−03　−0.223E−03　−0.445E−04　0.134E−03　0.313E−03
　　−0.313E−03　−0.134E−03　0.449E−04　0.224E−03　0.402E−03

图 5-10　工况 1 下闸底板 X 向位移(单位:m)

依据图 5-9 可以看出,工况 1 下底板 Y 向(顺水流方向)整体指向下游方向,从左、右岸方向看位移云图分布基本对称。位移最大值为 10.38 mm,出现在下游中墩位置底板表面。

依据图 5-10 可以看出,工况 1 下底板 X 向(垂直水流方向)位移等值线云图分布对称性较好;最大位移为 4.02 mm,出现在右岸上游部位。工况 8 下底板 Y 向(顺水流方向)整体指向下游方向,从左、右岸方向看位移云图分布基本对称。位移最大值为 8.29 mm,出现在下游中墩位置底板表面。工况 8 下底板 X 向(垂直水流方向)位移等值线云图分布对称性较好;最大位移为4.02 mm,出现在右岸上游部位。

5.3.2.3 底板应力

闸孔全关工况下,闸底板应力极值见表 5-8。图 5-11～图 5-15 为工况 1 下底板 3 个方向正应力及主应力等值线云图。

表 5-8   闸孔全关工况下闸底板应力极值   单位:MPa

工况编号	σ_{xx}		σ_{yy}		σ_{zz}		最大主拉应力	最大主压应力
	拉应力	压应力	拉应力	压应力	拉应力	压应力		
工况 1	0.01	1.01	0.40	0.45	0.01	1.23	0.55	1.39
工况 8	0.01	1.00	0.40	0.45	0.01	1.20	0.55	1.36

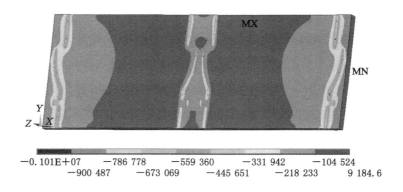

−0.101E+07   −786 778   −559 360   −331 942   −104 524
    −900 487   −673 069   −445 651   −218 233   9 184.6

图 5-11   工况 1 下闸底板 σ_{xx} 等值线(单位:Pa)

(1)由图 5-11 可以看出,底板在 X 方向(垂直水流方向)主要承受压应力。压应力区大值主要位于两边墩内侧与底板交界处,压应力最大值为

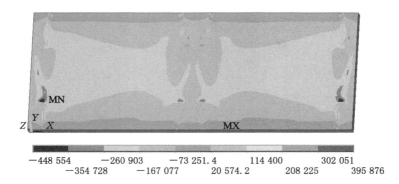

-448 554　　-260 903　　-73 251.4　　114 400　　302 051
　　-354 728　　-167 077　　20 574.2　　208 225　　395 876

图 5-12　工况 1 下闸底板 σ_{yy} 等值线(单位:Pa)

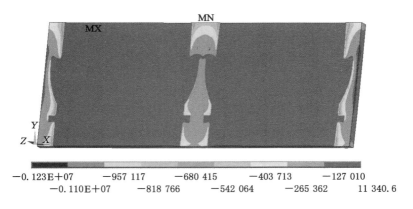

-0.123E+07　　-957 117　　-680 415　　-403 713　　-127 010
　　-0.110E+07　　-818 766　　-542 064　　-265 362　　11 340.6

图 5-13　工况 1 下闸底板 σ_{zz} 等值线(单位:Pa)

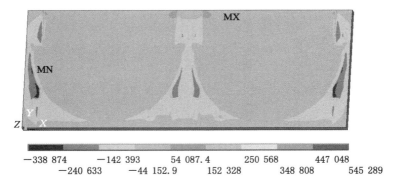

-338 874　　-142 393　　54 087.4　　250 568　　447 048
　　-240 633　　-44 152.9　　152 328　　348 808　　545 289

图 5-14　工况 1 下闸底板主拉应力等值线(单位:Pa)

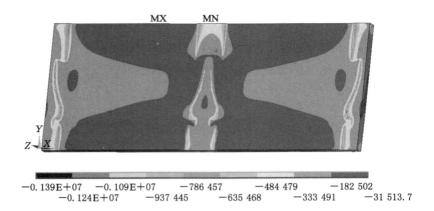

$$-0.139E+07 \quad -0.109E+07 \quad -786\ 457 \quad -484\ 479 \quad -182\ 502$$
$$-0.124E+07 \quad -937\ 445 \quad -635\ 468 \quad -333\ 491 \quad -31\ 513.7$$

图 5-15　工况 1 下闸底板主压应力等值线(单位:Pa)

1.01 MPa。底板拉应力区较小,主要位于中墩外侧闸室中部,拉应力最大值为 0.01 MPa。

(2) 由图 5-12 可以看出,闸底板在 Y 方向(顺水流方向)上应力量值较小。压应力最大值为 0.45 MPa,拉应力最大值为 0.40 MPa。

(3) 由图 5-13 可以看出,闸底板在 Z 方向(竖直方向)上应力在中墩、边墩区域为压应力,压应力最大值为 1.23 MPa,位于下游侧中墩与底板交接处;除中墩、边墩对应区域,闸底板在 Z 方向(竖直方向)上应力为拉应力,但拉应力量值较小,拉应力最大值为 0.01 MPa。

(4) 由图 5-14、图 5-15 可以看出,底板最大拉应力、最大主压应力等值线云图分布在左、右岸方向基本对称。闸底板最大拉应力为 0.83 MPa,最大压应力为 1.39 MPa。

(5) 闸底板在 X 方向(垂直水流方向)上主要承受压应力。压应力区大值主要位于两边墩内侧与闸底板交界处,压应力最大值为 1.00 MPa。底板拉应力区较小,主要位于中墩外侧闸室中部,拉应力最大值为 0.01 MPa。

(6) 闸底板在 Y 方向(顺水流方向)上应力量值较小。压应力最大值为 0.45 MPa,拉应力最大值为 0.40 MPa。

(7) 闸底板在 Z 方向(竖直方向)上应力在中墩、边墩区域为压应力,压应力最大值为 1.20 MPa,位于下游侧中墩与底板交接处;除中墩、边墩对应区域,闸底板在 Z 方向(竖直方向)上应力为拉应力,但拉应力量值较小,拉应力最大值为 0.01 MPa。

(8) 闸底板主拉应力、主压应力等值线云图分布在左、右岸方向基本对称。闸底板最大主拉应力为 0.52 MPa,最大主压应力为 1.36 MPa。

河口闸底板混凝土设计强度等级为 C30,闸底板底部的钢筋保护层厚度为 110.00 mm,其余部位的钢筋保护层厚度为 50.00 mm。上述应力均小于 C30 混凝土的设计强度,闸底板结构强度满足规范要求。

5.3.3 闸墩应力结果与分析

表 5-9 列出了闸孔全关工况下闸墩应力计算结果。图 5-16～图 5-20 为闸墩 3 个方向正应力及主应力等值线云图。

表 5-9 闸孔全关工况下闸墩应力计算结果 单位:MPa

工况编号	σ_{xx}		σ_{yy}		σ_{zz}		最大主拉应力	最大主压应力
	拉应力	压应力	拉应力	压应力	拉应力	压应力		
工况 1	0.28	0.91	0.36	0.90	0.09	1.39	0.51	1.94
工况 8	0.28	0.80	0.36	0.78	0.09	1.37	0.51	1.92

−910 453　　−645 208　　−379 964　　−114 719　　150 526
　　−777 830　　−512 586　　−247 341　　17 903.3　　283 148

图 5-16 工况 1 下闸墩 σ_{xx} 等值线(单位:Pa)

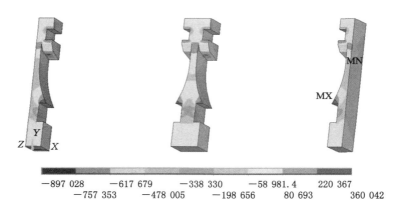

图 5-17　工况 1 下闸墩 σ_{yy} 等值线（单位：Pa）

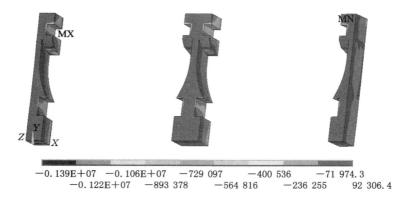

图 5-18　工况 1 下闸墩 σ_{zz} 等值线（单位：Pa）

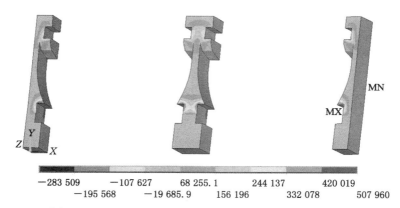

图 5-19　工况 1 下闸墩主拉应力等值线（单位：Pa）

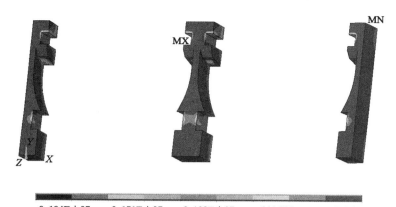

−0.194E+07　　−0.151E+07　　−0.108E+07　　　−644 380　　　−213 358
　　−0.172E+07　　−0.129E+07　　　−859 891　　　−428 869　　　2 152.96

图 5-20　工况 1 下闸墩主压应力等值线（单位：Pa）

（1）图 5-16 显示，闸墩在 X 方向（垂直水流方向）上主要承受压应力。压应力区主要位于闸墩靠近排架支点处，最大值为 0.91 MPa；拉应力主要出现在中墩，最大值为 0.28 MPa。

（2）图 5-17 显示，闸墩在 Y 方向（顺水流方向）上主要承受压应力。闸墩压应力主要位于闸墩铰支座与闸墩接触区域，最大值为 0.90 MPa；拉应力区主要分布于门槽边缘处，拉应力最大值为 0.36 MPa，量值较小。

（3）图 5-18 显示，闸墩在 Z 方向（竖直方向）上应力底部受压，顶部受拉。压应力区主要位于闸墩底部区域，压应力最大值为 1.39 MPa；拉应力区较小，主要拉应力出现在闸墩上表面，拉应力最大值为 0.09 MPa，量值较小。

（4）图 5-19 显示，闸墩主拉应力主要出现在门槽边缘处，最大值为 0.51 MPa；图 5-20 显示，闸墩主压应力出现在闸墩底面，最大压应力为1.94 MPa。

（5）闸墩在 X 方向（垂直水流方向）上主要承受压应力。压应力区主要位于闸墩靠近排架支点区域，最大值为 0.80 MPa；拉应力主要出现在中墩，最大值为 0.28 MPa。

（6）闸墩在 Y 方向（顺水流方向）上主要承受压应力。闸墩压应力主要位于闸墩铰支座与墩接触区域，最大值为 0.78 MPa；拉应力区主要分布于门槽边缘处,拉应力最大值为 0.36 MPa,量值较小。

(7) 闸墩在 Z 方向(竖直方向)上应力底部受压,顶部受拉。压应力区主要位于墩底部区域,压应力最大值为 1.37 MPa;拉应力区较小,主要拉应力出现在闸墩上表面,拉应力最大值为 0.09 MPa,量值较小。

(8) 闸墩主拉应力主要出现在门槽边缘处,最大值为 0.51 MPa;闸墩主压应力出现在闸墩底面,最大主压应力为 1.92 MPa。

三汊河河口闸闸墩混凝土设计强度等级为 C40,支铰处钢筋保护层厚度为 120.00 mm,其余部位钢筋保护层厚度为 60.00 mm。上述闸墩应力均小于 C40 混凝土设计强度,闸墩结构强度满足规范要求。

5.3.4 启闭机排架应力结果及分析

表 5-10 列出了闸孔全关工况下启闭机排架应力计算结果。图 5-21~图 5-25 为启闭机排架 3 个方向正应力及主应力等值线云图。

表 5-10 闸孔全关工况下启闭机排架应力计算结果 单位:MPa

工况编号	σ_{xx}		σ_{yy}		σ_{zz}		最大主拉应力	最大主压应力
	拉应力	压应力	拉应力	压应力	拉应力	压应力		
工况 1	0.31	0.63	0.75	1.87	0.53	1.87	0.75	2.85
工况 8	0.31	0.62	0.74	1.87	0.53	1.87	0.75	2.85

(1) 图 5-21 表明,排架在 X 方向(垂直水流方向)上主要承受压应力。压应力最大值为 0.63 MPa,位于边排架与闸底板交界处;排架拉应力最大值为 0.31 MPa,位于中排架顶部交角处。

(2) 图 5-22 表明,排架在 Y 方向(顺水流方向)上主要承受压应力。压应力最大值为 1.87 MPa,出现在边排架顶部交角区域;拉应力区主要位于排架与启闭机室交界处的下部,拉应力最大值为 0.75 MPa。

(3) 图 5-23 显示,排架在 Z 方向上主要承受压应力。排架压应力区主要位于边排架顶部交角区域,压应力最大值为 1.87 MPa;拉应力区主要位于

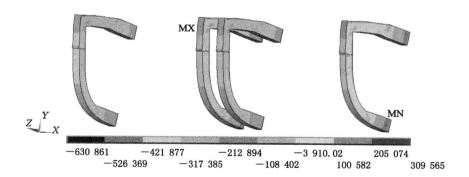

图 5-21 工况 1 下启闭机排架 σ_{xx} 等值线(单位:Pa)

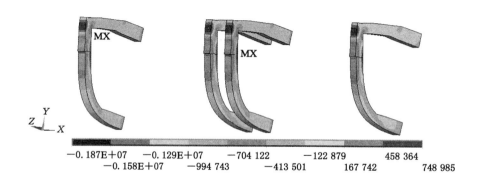

图 5-22 工况 1 下启闭机排架 σ_{yy} 等值线(单位:Pa)

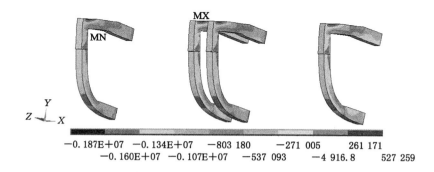

图 5-23 工况 1 下启闭机排架 σ_{zz} 等值线(单位:Pa)

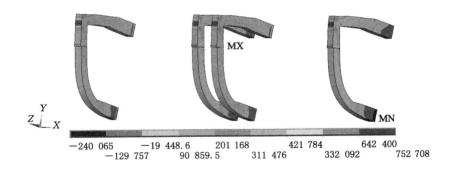

图 5-24　工况 1 下启闭机排架主拉应力等值线（单位：Pa）

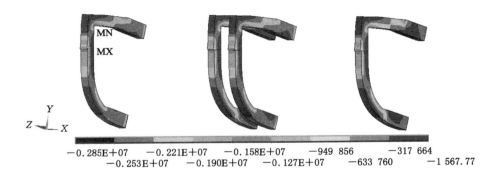

图 5-25　工况 1 下启闭机排架压应力等值线（单位：Pa）

中排架顶部，拉应力最大值为 0.53 MPa。

（4）图 5-24、图 5-25 及表 5-10 表明，启闭机排架最大拉应力为 0.75 MPa，最大压应力为 2.85 MPa。

（5）排架在 X 方向（垂直水流方向）上主要承受压应力。压应力最大值为 0.62 MPa，位于边排架与闸底板交界处；排架拉应力最大值为 0.31 MPa，位于中排架顶部交角区域。

（6）排架在 Y 方向（顺水流方向）上主要承受压应力。压应力最大值为 1.87 MPa，出现在边排架顶部交角区域；拉应力区主要位于排架与启闭机室交界处的下部，拉应力最大值为 0.74 MPa。

（7）排架在 Z 方向上主要承受压应力。排架压应力区主要位于边排架上部交角处,压应力最大值为 1.87 MPa;拉应力区主要存在中排架顶部,拉应力最大值为 0.53 MPa。

(8) 表 5-8 表明,启闭机排架最大拉应力为 0.75 MPa,最大压应力为 2.85 MPa。

启闭机排架混凝土设计强度等级为 C40,迎水侧钢筋保护层厚度为 80.00 mm,其余部位为 60.00 mm。排架上述应力均小于 C40 混凝土设计强度,启闭机排架结构强度满足规范要求。

5.4 单开左闸孔工况下水闸位移应力计算结果分析

考虑到闸孔单开计算工况多,列出所有结果图会导致叙述分割,不宜比较,为此,闸孔单开工况主要以文字叙述为主。

5.4.1 单开左闸孔工况下桩顶位移、应力和桩周摩阻力

单开左闸孔工况下桩顶位移、应力和桩周摩阻力计算结果见表 5-11。

表 5-11   单开左闸孔工况下桩顶位移、应力和桩周摩阻力计算结果

工况编号	开启角度/(°)	Y 向最大位移/mm	Z 向最大沉降/mm	桩身最大正应力/MPa	桩周摩阻力/kN
工况 2	5	8.12	3.25	1.34	1 428
工况 3	10	7.70	3.25	1.34	1 432
工况 4	60	6.90	3.29	1.35	1 441
工况 9	5	6.46	3.30	1.34	1 430
工况 10	10	6.12	3.30	1.34	1 432
工况 11	60	5.46	3.34	1.35	1 444

(1) 工况 2~4 计算结果表明,随着左闸孔开启角度的增大,桩体向下游

的位移逐步减小。闸孔开启 5°时,灌注桩桩顶向下游位移最大值为 8.12 mm;开启 60°时,灌注桩桩顶向下游位移最大值为 6.90 mm。开启过程中,灌注桩桩顶向下游位移变化量为 1.22 mm。

工况 9～11 计算结果表明,随着左闸孔开启角度的增大,桩体向下游的位移逐步减小。闸孔开启 5°时,灌注桩桩顶向下游位移最大值为 6.46 mm;开启 60°时,灌注桩桩顶向下游位移最大值为 5.46 mm。开启过程中,灌注桩桩顶向下游位移变化量为 1.00 mm。

(2) 工况 2～4 计算结果表明,闸孔开启 5°～10°时,桩体沉降位移基本没有变化;当闸孔开启到 60°时,由于闸孔竖向向下的力增加,桩体竖向位移增加 0.04 mm。

工况 9～11 计算结果表明,闸孔开启 5°～10°时,桩体沉降位移基本没有变化;当闸孔开启到 60°时,由于闸孔竖向向下的力增加,桩体竖向位移增加 0.04 mm。

(3) 工况 2、工况 3、工况 4 下桩截面最大正应力分别为 1.34 MPa、1.34 MPa 和 1.35 MPa,工况 9、工况 10、工况 11 下桩截面最大正应力分别为 1.34 MPa、1.34 MPa 和 1.35 MPa,均小于 C40 强度。

工况 2、工况 3、工况 4 下桩周摩阻力合计分别为 1 428 kN、1 432 kN 和 1 441 kN,工况 9、工况 10、工况 11 下桩周摩阻力合计分别为 1 430 kN、1 432 kN 和 1 444 kN,均小于单桩设计承载力 2 700 kN,桩身竖向承载力满足规范要求。

综合来看,单开左闸孔时桩体顺河向位移、沉降位移以及桩的应力与闸孔全关工况下没有大的变化,位移满足灌注桩桩顶位移控制要求,轴力小于单桩设计承载力 2 700 kN,桩身竖向承载力满足规范要求。

5.4.2 闸底位移、应力结果及分析

5.4.2.1 闸底板沉降

单开左闸孔工况下闸底板沉降极值情况见表 5-12。

表 5-12 单开左闸孔工况下闸底板沉降极值情况

工况编号	开启角度/(°)	最大沉降/mm	最小沉降/mm	最大不均匀沉降/mm
工况 2	5	3.53	1.55	1.98
工况 3	10	3.54	1.56	1.98
工况 4	60	3.73	1.58	2.15
工况 9	5	3.59	1.59	2.00
工况 10	10	3.59	1.59	2.00
工况 11	60	3.79	1.60	2.19

依据闸底板沉降等值线图以及表 5-12 给出的位移极值,闸底板最大沉降值随闸孔开启角度的增大有增加趋势。闸门开启到 60°时,闸底板最大沉降 3.79 mm,闸底板最大沉降发生在左侧边墩下方的闸室底板处。

5.4.2.2 闸底板水平位移

单开左闸孔工况下闸底板位移情况见表 5-13。

表 5-13 单开左闸孔工况下闸底板位移情况

工况编号	开启角度/(°)	Y 向最大位移/mm	X 向最大位移/mm
工况 2	5	9.65	4.13
工况 3	10	9.18	4.13
工况 4	60	8.36	4.14
工况 9	5	7.70	4.13
工况 10	10	7.33	4.13
工况 11	60	6.64	4.14

依据闸底板顺河向位移等值线图以及表 5-13 给出的位移极值可知,闸底板顺河向最大值随闸孔开启角度的增大有减小趋势。顺河向位移最大值都出现在闸底板下游中墩下部,X 向(垂直水流方向)最大位移基本没有变化。

5.4.2.3　闸底板应力

单开左闸孔工况下闸底板应力极值情况见表 5-14。

表 5-14　单开左闸孔工况下闸底板应力极值情况

工况编号	开启角度 /(°)	σ_{xx}/MPa		σ_{yy}/MPa		σ_{zz}/MPa		最大主拉 应力/MPa	最大主压 应力/MPa
		拉应力	压应力	拉应力	压应力	拉应力	压应力		
工况 2	5	0.01	1.01	0.40	0.46	0.01	1.22	0.55	1.38
工况 3	10	0.01	1.01	0.40	0.46	0.01	1.22	0.55	1.38
工况 4	60	0.01	1.05	0.38	0.46	0.01	1.26	0.54	1.42
工况 9	5	0.01	1.01	0.41	0.46	0.01	1.20	0.55	1.36
工况 10	10	0.01	1.01	0.41	0.46	0.01	1.19	0.55	1.36
工况 11	60	0.01	1.01	0.41	0.46	0.01	1.22	0.54	1.38

（1）综合 6 个工况下 X 方向正应力分布图可以看出，在闸孔开启过程中，闸底板 X 方向最大压应力位置基本保持不变，都出现在右岸边墩下部底板，量值为 1.01～1.05 MPa；闸底板 X 方向拉应力位置也基本保持不变，都出现在右闸室下游位置，且拉应力值很小，约为 0.01 MPa。

（2）综合 6 个工况下 Y 方向正应力分布图可以看出，在闸孔开启过程中，闸底板 Y 方向最大压应力位置基本保持不变，都出现在闸墩上部上游底板处，量值为 0.40 MPa；闸底板 Y 方向拉应力位置有一定的变化，但量值在 0.40 MPa 左右，变化不大。

（3）综合 6 个工况下闸底板最大主压应力分布图可以看出，在闸孔开启过程中，闸底板最大主压应力位置和最大主拉应力位置基本保持不变，量值为 1.36～1.42 MPa；闸底板最大拉应力值为 0.55 MPa 左右。

由此可见，闸底板各应力极值均小于 C30 混凝土的设计强度，闸底板结构强度满足规范要求。

5.4.3　闸墩应力结果及分析

表 5-15 为单开左闸孔工况下闸墩应力极值情况。

表 5-15　单开左闸孔工况下闸墩应力极值情况

工况编号	开启角度 /(°)	σ_{xx}/MPa		σ_{yy}/MPa		σ_{zz}/MPa		最大主拉应力/MPa	最大主压应力/MPa
		拉应力	压应力	拉应力	压应力	拉应力	压应力		
工况 2	5	0.29	0.91	0.36	0.90	0.10	1.39	0.51	1.94
工况 3	10	0.29	0.91	0.36	0.90	0.10	1.39	0.51	1.94
工况 4	60	0.29	1.01	0.40	1.16	0.34	1.41	0.62	1.98
工况 9	5	0.28	0.91	0.36	0.80	0.10	1.39	0.51	1.92
工况 10	10	0.29	0.91	0.36	0.80	0.10	1.39	0.51	1.92
工况 11	60	0.29	0.91	0.41	0.90	0.34	1.39	0.63	1.94

（1）综合 6 个工况下 X 方向正应力分布图可以看出，在闸孔开启过程中，闸墩 X 方向最大压应力位置基本保持不变，出现在右岸边墩，量值为 0.91～1.01 MPa；闸墩 X 方向拉应力位置及量值也基本保持不变，出现在中墩顶面，且拉应力值较小，约为 0.29 MPa。

（2）综合 6 个工况下 Y 方向正应力分布图可以看出，在闸孔开启过程中，闸墩 Y 方向最大压应力位置基本保持不变，出现在右岸边墩。当闸孔开启 5°～10°时，两种水位的压应力量值分别保持在 0.90 MPa 与 0.80 MPa；当闸孔开启 60°时，两种水位的压应力量值分别为 1.16 MPa 与 0.90 MPa。闸墩 Y 方向最大拉应力位置有一定变化，当闸孔开启 5°～10°时，出现在左岸闸墩上游槽部位，量值为 0.36 MPa；当闸孔开启 60°时，发生在左岸闸墩下游支铰部位，量值约为 0.40 MPa。

（3）综合 6 个工况下 Z 方向正应力分布图可以看出，在闸孔开启过程中，闸墩 Z 方向最大压应力位置以及量值基本保持不变，出现在右岸边墩下游，量值约为 1.39 MPa。闸墩 Z 方向最大拉应力位置有一定变化，当闸孔开启 5°～10°时，出现在左岸闸墩下游支铰部位，量值为 0.10 MPa；当闸孔开启 60°时，Z 方向拉应力最大值出现在中闸墩支铰位置，量值为 0.34 MPa。

（4）综合 6 个工况下闸墩主压应力分布图可以看出，在闸孔开启过程中，闸墩最大主压应力位置、最大主拉应力位置基本保持不变，都出现在右岸边墩下游部位。当闸孔开启 5°～10°时，最大压应力为 1.92～1.94 MPa；

当闸孔开启 60°时,最大压应力为 1.94～1.98 MPa。3 个工况下闸墩最大主拉应力位置有一定变化,当闸孔开启 5°～10°时,出现在左岸闸墩上游门槽位置,量值约为 0.51 MPa;当闸孔开启 60°时,主拉应力最大值出现在左岸边墩下游支铰位置,最大值约为 0.62 MPa。

由此可见,闸墩各应力极值均小于 C40 混凝土的设计强度,闸墩结构强度满足规范要求。

5.4.4　启闭机排架强度复核

表 5-16 为单开左闸孔工况下启闭机排架应力计算结果。

（1）综合 6 个工况下 X 方向正应力分布图可以看出,在闸孔开启过程中,闸启闭机排架 X 方向最大压应力位置以及量值基本保持不变,出现在右岸排架与底板交界部位,量值为 0.62～0.65 MPa;排架 X 方向拉应力位置及量值也基本保持不变,出现在中排架顶面角部,拉应力值较小,约为 0.31 MPa。

表 5-16　单开左闸孔工况下启闭机排架应力计算结果

工况编号	开启角度 /(°)	σ_{xx}/MPa		σ_{yy}/MPa		σ_{zz}/MPa		最大主拉 应力/MPa	最大主压 应力/MPa
		拉应力	压应力	拉应力	压应力	拉应力	压应力		
工况 2	5	0.31	0.63	0.74	1.87	0.53	1.87	0.75	2.85
工况 3	10	0.31	0.63	0.74	1.87	0.53	1.87	0.75	2.85
工况 4	60	0.31	0.63	0.74	1.87	0.53	1.87	0.74	2.85
工况 9	5	0.31	0.62	0.74	1.87	0.53	1.87	0.74	2.85
工况 10	10	0.31	0.62	0.74	1.87	0.53	1.87	0.74	2.85
工况 11	60	0.31	0.65	0.74	1.87	0.53	1.87	0.74	2.85

（2）综合 6 个工况下 Y 方向正应力分布图可以看出,在闸孔开启过程中,排架 Y 方向最大压应力位置以及量值基本保持不变,都出现在左岸排架上部,量值约为 1.87 MPa。闸墩 Y 方向最大拉应力位置没有变化,出现在中排架近启闭机部位,最大拉应力量值约为 0.74 MPa。

（3）综合 6 个工况下 Z 方向正应力分布图可以看出,在闸孔开启过程中,闸墩 Z 方向最大压应力位置有一定变化,当闸孔开启 5°～10°时,压应力最大值出现在左岸边排架顶部;当闸孔开启 60°时,出现在右岸中排架顶部,量值约为 1.87 MPa。排架 Z 方向最大拉应力位置有一定变化,当闸孔开启 5°～10°时,出现在左岸中排架顶部;当闸孔开启 60°时,出现在右岸边排架上部,最大值约为 0.53 MPa。

(4) 由 6 个工况下排架主压应力分布图可以看出,在闸孔开启过程中,闸墩最大主压应力位置基本保持不变,出现在左中排架上部,最大压应力约为 2.85 MPa。6 个工况下闸墩最大主拉应力位置有一定变化,当闸孔开启 5°～10°时,出现在右岸中排架上部近启闭机部位;当闸孔开启 60°时,主拉应力最大值出现在右岸中排架下游下部位置,最大值约为 0.75 MPa。

由此可见,启闭机排架各应力极值均小于 C40 混凝土的设计强度,排架结构强度满足规范要求。

5.5   单开右闸孔工况下水闸位移应力计算结果分析

5.5.1   桩基位移及轴力

单开右闸孔工况下桩顶位移、应力和桩周摩阻力计算结果见表 5-17。

表 5-17   单开右闸孔工况下桩顶位移、应力和桩周摩阻力计算结果

工况编号	开启角度/(°)	Y 向最大位移/mm	Z 向最大沉降/mm	桩身最大正应力/MPa	桩周摩阻力/kN
工况 5	5	8.12	3.24	1.34	1 426
工况 6	10	7.70	3.25	1.34	1 435
工况 7	60	6.90	3.30	1.35	1 440
工况 12	5	6.46	3.30	1.34	1 426
工况 13	10	6.12	3.31	1.34	1 436
工况 14	60	5.46	3.36	1.35	1 442

（1）工况 5～7 计算结果表明，随着右闸孔开启角度的增大，桩体向下游的位移逐步减小。当闸门开启 5°时，灌注桩桩顶向下游位移最大值为 8.12 mm；当闸孔开启 60°时，灌注桩桩顶向下游位移最大值为 6.90 mm。开启过程中，灌注桩桩顶向下游位移变化量为 1.22 mm。

工况 12～14 计算结果表明，随着右闸孔开启角度的增大，桩体向下游的位移逐步减小。当闸孔开启 5°时，灌注桩桩顶向下游位移最大值为 6.46 mm；当闸孔开启 60°时，灌注桩桩顶向下游位移最大值为 5.46 mm。开启过程中，灌注桩桩顶向下游位移变化量为 1.00 mm。

（2）工况 5～7 计算结果表明，当闸孔开启 5°～10°时，桩体沉降位移基本没有变化；当闸孔开启到 60°时，由于闸孔竖向向下的力增加，桩体竖向位移增加 0.05 mm。

工况 12～14 计算结果表明，当闸孔开启 5°～10°时，桩体沉降位移基本没有变化；当闸孔开启到 60°时，由于闸孔竖向向下的力增加，桩体竖向位移增加 0.06 mm。

（3）工况 5、工况 6、工况 7 下桩截面最大正应力分别为 1.34 MPa、1.34 MPa 和 1.35 MPa，工况 12、工况 13、工况 14 下桩截面最大正应力分别为 1.34 MPa、1.34 MPa 和 1.35 MPa，均小于 C40 强度。

工况 5、工况 6、工况 7 下桩周摩阻力合计分别为 1 426 kN、1 435 kN 和 1 440 kN，工况 12、工况 13、工况 14 下桩周摩阻力合计分别为 1 426 kN、1 436 kN 和 1 442 kN，小于单桩设计承载力 2 700 kN，桩身竖向承载力满足规范要求。

综合来看，单开右闸孔时，桩体顺河向位移、沉降位移以及桩的应力与闸孔全关工况时没有大的变化，位移满足灌注桩桩顶位移控制要求，轴力小于单桩设计承载力 2 700 kN，桩身竖向承载力满足规范要求。

5.5.2　闸底位移、应力结果及分析

5.5.2.1　底板沉降

单开右闸孔工况下闸底板沉降极值情况见表 5-18。闸底板最大沉降值

随闸孔开启角度的增大有增加趋势,当闸孔开启到 60°时,闸底板最大沉降为 3.81 mm,闸底板最大沉降发生在右岸边墩下方的闸室底板处。

表 5-18 单开右闸孔工况下闸底板沉降极值情况

工况编号	开启角度/(°)	最大沉降/mm	最小沉降/mm	最大不均匀沉降/mm
工况 5	5	3.53	1.55	1.98
工况 6	10	3.54	1.56	1.98
工况 7	60	3.75	1.57	2.18
工况 12	5	3.60	1.59	2.01
工况 13	10	3.60	1.59	2.01
工况 14	60	3.81	1.59	2.22

5.5.2.2 闸底板水平位移

单开右闸孔工况下闸底板水平位移情况见表 5-19。

表 5-19 单开右闸孔工况下闸底板水平位移情况

工况编号	开启角度/(°)	Y 向最大位移/mm	X 向最大位移/mm
工况 5	5	9.65	4.13
工况 6	10	9.18	4.13
工况 7	60	8.36	4.14
工况 12	5	7.70	4.13
工况 13	10	7.33	4.13
工况 14	60	6.64	4.14

依据闸底板顺河向位移等值线图以及表 5-19 给出的位移情况可知,闸底板顺河向最大值随闸门开启角度的增大有减小趋势。顺河向位移最大值都出现在闸底板下游中墩下部,X 向(垂直水流方向)最大位移基本没有变化。

5.5.2.3 底板应力

单开右闸孔工况下闸底板应力极值见表 5-20。

表 5-20　单开右闸孔工况下闸底板应力极值情况

工况编号	开启角度/(°)	σ_{xx}/MPa		σ_{yy}/MPa		σ_{zz}/MPa		最大主拉应力/MPa	最大主压应力/MPa
		拉应力	压应力	拉应力	压应力	拉应力	压应力		
工况 5	5	0.01	1.01	0.41	0.46	0.01	1.22	0.54	1.38
工况 6	10	0.01	1.01	0.41	0.46	0.01	1.22	0.54	1.38
工况 7	60	0.01	1.05	0.41	0.46	0.01	1.26	0.56	1.42
工况 12	5	0.01	1.00	0.41	0.46	0.01	1.19	0.56	1.36
工况 13	10	0.01	1.00	0.41	0.46	0.01	1.20	0.56	1.36
工况 14	60	0.01	1.01	0.41	0.46	0.01	1.22	0.56	1.38

（1）综合 6 个工况下 X 方向正应力分布图可以看出，在闸孔开启过程中，闸底板 X 方向最大压应力位置基本保持不变，都出现在左岸边墩下部底板，量值为 1.01～1.05 MPa；闸底板 X 方向拉应力位置也基本保持不变，都出现在右闸室下游位置，且拉应力值很小，约为 0.01 MPa。

（2）综合 6 个工况下 Y 方向正应力分布图可以看出，在闸孔开启过程中，闸底板 Y 方向最大压应力位置基本保持不变，都出现在闸墩上部上游底板处，量值基本保持不变，约为 0.46 MPa；底板 Y 方向拉应力量值基本保持不变，约为 0.41 MPa。

（3）综合 6 个工况下 Z 方向正应力分布图可以看出，在闸孔开启过程中，闸底板 Z 方向最大压应力位置、最大拉应力位置基本保持不变，且应力值基本不变。

（4）综合 6 个工况下闸底板主压应力分布图可以看出，在闸孔开启过程中，闸底板最大主压应力位置和最大主拉应力位置基本保持不变，最大压应力为 1.38～1.42 MPa，最大拉应力值约为 0.55 MPa。

由此可见，闸底板各应力极值均小于 C30 混凝土的设计强度，闸底板结构强度满足规范要求。

5.5.3　闸墩应力结果及分析

表 5-21 为单开右闸孔工况下闸墩应力计算结果。

表 5-21　单开右闸孔工况下闸墩应力计算结果

工况编号	开启角度/(°)	σ_{xx}/MPa		σ_{yy}/MPa		σ_{zz}/MPa		最大主拉应力/MPa	最大主压应力/MPa
		拉应力	压应力	拉应力	压应力	拉应力	压应力		
工况 5	5	0.29	0.91	0.36	0.90	0.10	1.39	0.51	1.94
工况 6	10	0.29	0.91	0.36	0.90	0.10	1.39	0.51	1.94
工况 7	60	0.29	1.01	0.40	1.16	0.34	1.41	0.62	1.98
工况 12	5	0.29	0.80	0.36	0.80	0.10	1.37	0.51	1.92
工况 13	10	0.29	0.80	0.36	0.80	0.10	1.37	0.51	1.92
工况 14	60	0.29	0.91	0.41	0.90	0.34	1.39	0.63	1.94

(1) 综合 6 个工况下 X 方向正应力分布图可以看出,在闸孔开启过程中,闸墩 X 方向最大压应力位置基本保持不变,都出现在左岸边墩。当闸孔开启 5°~10°时,量值为 0.80~0.91 MPa;当闸孔开启 60°时,量值为 0.91~1.01 MPa。闸墩 X 方向拉应力位置及量值也基本保持不变,出现在中墩顶面,且拉应力值较小,约为 0.29 MPa。

(2) 综合 6 个工况下 Y 方向正应力分布图可以看出,在闸孔开启过程中,闸墩 Y 方向最大压应力位置基本保持不变,出现在右岸边墩。当闸孔开启 5°~10°时,两种水位的压应力量值分别保持在 0.90 MPa 与 0.80 MPa;当闸孔开启 60°时,两种水位的压应力量值分别为 1.16 MPa 与 0.90 MPa。闸墩 Y 方向最大拉应力位置有一定变化,当闸孔开启 5°~10°时,出现在左岸闸墩上游槽部位,量值约为 0.36 MPa;当闸孔开启 60°时,出现在左岸闸墩下游支铰部位,量值约为 0.40 MPa。

(3) 综合 6 个工况下 Z 方向正应力分布图可以看出,在闸孔开启过程中,闸墩 Z 方向最大压应力位置基本保持不变,都出现在右岸边墩下游,量值变化不大,为 1.37～1.41 MPa。闸墩 Z 方向最大拉应力位置有一定变化,当闸孔开启 5°～10°时,出现在左岸闸墩下游支铰部位,量值约为 0.10 MPa;当闸孔开启 60°时,出现在中闸墩支铰位置,量值约为 0.34 MPa。

(4) 由 6 个工况下闸墩主压应力分布图可以看出,在闸孔开启过程中,闸墩最大主压应力位置和最大主拉应力位置基本保持不变,都出现在左岸边墩下游部位,最大压应力值为 1.92～1.98 MPa。3 个工况下闸墩最大主拉应力位置有一定变化,当闸孔开启 5°～10°时,主拉应力最大值出现在右岸闸墩上游门槽位置,量值约为 0.51 MPa;当闸孔开启 60°时,出现在右岸边墩下游支铰位置,量值约为 0.63 MPa。

由此可见,闸墩各应力极值均小于 C40 混凝土的设计强度,闸墩结构强度满足规范要求。

5.5.4 启闭机排架应力结果及分析

单开右闸孔工况下启闭机排架应力极值情况见表 5-22。

表 5-22 单开右闸孔工况下启闭机排架应力极值情况

工况编号	开启角度 /(°)	σ_{xx}/MPa		σ_{yy}/MPa		σ_{zz}/MPa		最大主拉应力/MPa	最大主压应力/MPa
		拉应力	压应力	拉应力	压应力	拉应力	压应力		
工况 5	5	0.31	0.63	0.74	1.87	0.53	1.87	0.75	2.85
工况 6	10	0.31	0.63	0.74	1.87	0.53	1.87	0.75	2.85
工况 7	60	0.31	0.63	0.74	1.87	0.53	1.87	0.74	2.85
工况 12	5	0.31	0.61	0.74	1.87	0.53	1.87	0.74	2.85
工况 13	10	0.31	0.62	0.74	1.87	0.53	1.87	0.74	2.85
工况 14	60	0.31	0.65	0.74	1.87	0.53	1.87	0.74	2.85

(1) 综合 6 个工况下 X 方向正应力分布图可以看出,在闸孔开启过程中,闸启闭机排架 X 方向最大压应力位置以及量值基本保持不变,都出现在左岸排架与底板交界部位,量值为 0.61～0.65 MPa。排架 X 方向拉应力位置及量值也基本保持不变,出现在左岸中排架顶面角部,拉应力值较小,约

为 0.31 MPa。

（2）综合 6 个工况下 Y 方向正应力分布图可以看出，在闸孔开启过程中，排架 Y 方向最大压应力位置以及量值基本保持不变，都出现在右岸排架上部，量值约为 1.87 MPa。闸墩 Y 方向最大拉应力量值没有变化，约为 0.74 MPa，发生位置有微小变动，当闸孔开启 5° 和 60° 时，出现在左岸排架上部近启闭机位置处；当闸孔开启 10° 时，出现在右岸中排架顶部近启闭机位置。

（3）综合 6 个工况下 Z 方向正应力分布图可以看出，在闸孔开启过程中，闸墩 Z 方向最大压应力位置没有变化，都出现在右岸中排架顶部，量值约为 1.87 MPa。排架 Z 方向最大拉应力位置有一定变化，当闸孔开启 5°~10° 时，出现在右岸中排架顶部；当闸孔开启 60° 时，Z 方向最大拉应力出现在左岸边排架上部，量值约为 0.53 MPa。

（4）由 3 个工况下排架主压应力分布图可以看出，在闸孔开启过程中，闸墩最大主压应力位置出现在右岸中排架上部，最大压应力为 2.85 MPa。3 个工况下闸墩最大主拉应力位置有一定变化，当闸孔开启 5° 和开启 60° 时，出现在左岸边排架上部近启闭机部位；当闸孔开启 20° 时，出现在右岸中排架下游上部靠近启闭机位置，最大拉应力约为 0.75 MPa。

由此可见，启闭机排架各应力极值均小于 C40 混凝土的设计强度，排架结构强度满足规范要求。

5.6　与历史资料对比分析

本节主要对上游水位 6.00 m、下游水位 3.50 m 与上游水位 6.00 m、下游水位 4.50 m 组合工况下的计算结果与河口闸工程观测（监测）资料成果进行对比，分析判断该水位工况组合下进行单孔开启运行时，结构位移值是否在现有监测成果范围内，进而评价其安全性。

（1）监测资料表明，自 2007 年 3 月 7 日至 2017 年 12 月 4 日，闸底板累

计沉降范围为 −2.60～11.5 mm(位移向下为正、向上为负)。上述水位组合工况下有限元模型计算得到沉降范围为 1.55～3.81 mm,计算结果处于历史观测资料范围内。

(2) 监测资料表明,自 2007 年 3 月 7 日至 2017 年 12 月 4 日,闸底板顺水流方向累计位移量为 15.00～31.00 mm,上述水位组合工况下有限元模型计算闸底板 Y 方向(顺水流方向)位移的范围为 3.02～10.38 mm,也处于历史观测资料范围内。

(3) 监测资料表明,闸底板 X 方向(垂直水流方向)累计位移量为 −20.00～13.00 mm,上述水位组合工况下有限元模型计算闸底板 X 方向(垂直水流方向)位移的范围为 −4.02～4.02 mm,也处于历史观测资料范围内。

综合比对分析表明,在设定工况下,水闸结构位移没有超出现有监测数据范围,位移处于安全范围以内。

5.7 各工况下计算成果对比分析

综合对比分析闸孔全关工况下与单孔开启工况下的各计算成果,可以得出以下结论。

(1) 闸孔全关工况下灌注桩桩体 Y 方向位移最大值为 8.76 mm,比单孔开启工况下桩体 Y 方向位移最大值(8.12 mm)大。在单孔开启工况组合中,随着闸孔开启角度的增大,桩体 Y 方向位移最大值逐渐减小,这是由于上、下游水位差引起的作用在闸孔上指向下游的力,随着闸孔开启角度的增大而逐渐减小。

(2) 闸孔全关工况下灌注桩桩体 Z 方向沉降最大值为 3.30 mm,比单孔开启工况下桩体 Z 方向沉降最大值(3.36 m)小,最大沉降均是发生在闸底板下游靠近中墩区域。在单孔开启工况组合中,随着闸孔开启角度的增大,桩体 Z 方向沉降最大值逐渐增大,这是由于作用在铰支座上由闸孔自重引起的竖直向下的力,随着闸孔开启角度的增大,也在随之逐渐增大。

（3）闸孔全关工况下闸底板沉降最大值为 3.59 mm,比单孔开启工况下沉降最大值(3.81 m)小。在单孔开启工况组合中,随着闸孔开启角度的增大,闸底板沉降最大值逐渐增大。这种情况产生的原因与灌注桩 Z 方向沉降最大值增大的原因一致。

（4）闸底板 Y 方向最大位移值的变化规律与灌注桩桩体 Y 方向位移最大值的变化规律相似,均是随着闸孔开启角度的增大而减小。

（5）闸底板、闸墩、启闭机排架在闸孔全关工况下和单孔开启工况下应力极值大小,与出现位置基本保持不变。不变的原因主要为,单孔开启工况下关闭的闸孔侧应力与闸孔全关工况下应力基本相同,并且都处于所在工况下的应力极值。

5.8　小结

本章依据拟定的单孔开启运行工况,综合考虑工程安全评价关键因素以及结构历史、现状细节特征的有限元数值仿真分析模型,开展了相应的计算与分析,主要结论如下。

（1）设定的 14 种工况下,灌注桩桩顶 Y 方向(顺河向)位移最大值为 8.76 mm,满足规范要求。

（2）设定的 14 种工况下,灌注桩桩顶 Z 方向最大沉降值为 3.36 mm,满足规范要求。

（3）设定的 14 种工况下,桩截面最大正应力为 1.35 MPa,小于 C40 强度;桩基实际承载力最大值为 1 444 kN,小于单桩设计承载力(2 700 kN)。桩身竖向承载力满足规范要求。

（4）设定的 14 种工况下,闸底板最大沉降值为 3.81 mm,最小沉降值为 1.55 mm,差异沉降 2.26 mm,满足规范要求。

（5）设定的 14 种工况下,闸底板 Y 方向(顺水流方向)位移的最大值为

10.38 mm,闸底板 X 方向(垂直水流方向)位移的最大值为 4.14 mm,满足规范要求。

(6) 设定的 14 种工况下,闸底板最大拉应力为 0.83 MPa,最大压应力为 1.39 MPa,均小于 C30 混凝土的设计强度。闸底板结构强度满足规范要求。

(7) 设定的 14 种工况下,闸墩最大拉应力为 0.63 MPa,最大压应力为 1.98 MPa,均小于 C40 混凝土的设计强度。闸墩结构强度满足规范要求。

(8) 设定的 14 种工况下,启闭机排架最大拉应力为 0.75 MPa,最大压应力为 2.85 MPa,均小于 C40 混凝土的设计强度。启闭机排架结构强度满足规范要求。

(9) 设定的 14 种工况下的位移量值没有超出历史监测数据范围,处于安全范围以内,这表明单孔开启运行是可行的。

6 钢闸门结构应力仿真分析

三汊河河口闸采用露顶式圆拱形钢闸门（又称护镜门），闸门为半圆形的三铰拱钢结构，拱轴线半径为 22.0 m，闸门圆弧凸向上游侧。半圆形护镜门两侧的拱脚通过可绕水平轴转动的支铰支承在边墩和中墩上，闸门开启时，以铰轴为圆心向上转动，到达 60°时停止并锁定，河道可行洪过流。护镜门的尺寸为 40.00 m×6.50 m（宽×高），底槛高程为 1.0 m，闸门设计水头为 4.23 m，闸门高度在 4.50～5.65 m 范围内可调整。闸门启闭设备为 2 台额定容量 2×1 500 kN 的盘香式启闭机，启闭机布置在圆拱形排架顶部的机房内。

护镜门门顶设置有 6 扇活动小门，通过活动小门的升降可调节秦淮河的水位（5.50～7.00 m 范围内）。护镜门门顶设有人行通道，用以沟通两岸的交通，并可供观光使用。活动小门启闭设备为 6 台额定容量 2×200 kN 的倒挂式液压启闭机，启闭机布置在人行道梁系上。

护镜门沿门高设 2 根主梁构成箱形梁，箱形梁为密闭的空箱，主梁为焊接工字形截面组合梁；闸门上、下游侧均设有面板；护镜门主梁以上、主梁翼缘以及护镜门面板之间形成的空腔为活动小门的闸室，活动小门亦为圆拱形，可在闸室内上、下升降；活动小门支承在护镜门的方立柱上，人行通道的支撑圆立柱也用作活动小门的支撑导向柱；活动小门为箱形结构，门叶顶部为流线型的导流板，以利于挑流形成瀑布。护镜门与活动小门主要技术参数见表 6-1，闸门结构类型见图 6-1。

表 6-1　护镜门与活动小门主要技术参数

主要技术参数	护镜门	活动小门
类型	露顶式圆拱形钢闸门	潜没式圆拱形钢闸门
闸门尺寸(宽×高)	40.0 m×6.5 m	7.1 m×1.65 m
设计水头	4.23 m	1.65 m
操作条件	动水启闭	动水启闭
闸门重量	2 870.0 kN	48.0 kN

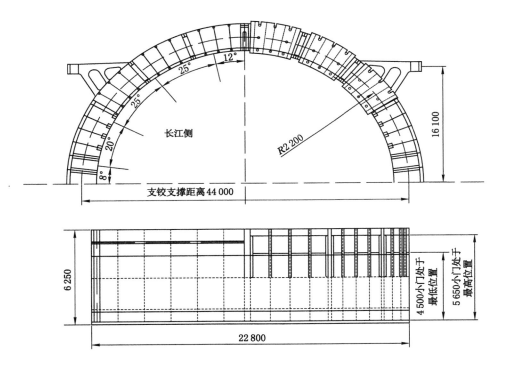

图 6-1　闸门结构类型(单位:cm)

6.1 计算模型及参数

6.1.1 单元划分

护镜门为空间薄壁结构体系,由一系列板、壳、梁等构件组合而成。正常工作时,闸门所承受荷载将通过各构件的相互传递来共同承担,主横梁、小横梁、纵梁、面板、吊耳梁等将发生弯曲、扭转、剪切、轴向拉压等组合变形。因此,计算模型的选择必须考虑到各构件的几何性质、变形特征、受力方式以及相互作用关系等,以正确反映出闸门的整体作用和各构件的实际工作状态。本次模拟依托 ANSYS 程序进行。

根据闸门结构形式和受力特点,将护镜门主横梁、小横梁、纵梁、方立柱、面板等构件离散为实体单元。由于闸门为左右对称结构,采用半扇闸门建模计算,对称面处施加对称约束。据此所建立的闸门有限元计算模型见图 6-2,计算模型的节点总数为 308 769 个,单元总数为 167 486 个。

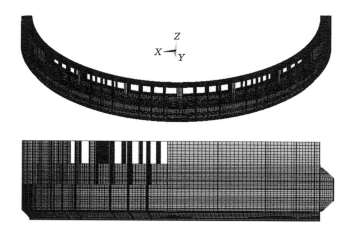

图 6-2　闸门有限元网格划分(对称扩展)

6.1.2 计算荷载和工况

计算荷载主要考虑作用于闸门的静水压力、风浪压力、闸门自重、活动小门液压启闭设备质量等。

根据闸门的运行条件,确定闸门计算工况为最大水头差工况:闸门上游侧水位为 6.00 m,下游侧水位为 1.50 m,闸门作用水头为 4.50 m。

6.1.3 约束处理

闸门在支铰处受 3 个方向位移约束及绕 y、z 轴的转动约束,门底受铅直方向位移约束,半扇门对称面处施加对称约束(x 方向约束及 y、z 轴转动约束)。其中,坐标系定义为:x 轴垂直于水流方向(左岸为正),y 轴沿水流方向(上游为正),z 轴沿竖直方向(向上为正),见图 6-2。

6.1.4 结构尺寸与材料特性

构件的外形尺寸按设计图纸取用,构件的截面厚度采用现场实测蚀余厚度。

闸门的结构材料为 Q235B 钢,弹性模量 E 为 2.06×10^5 MPa,泊松比 μ 为 0.30,容重 γ 为 78.50 kN/m^3。

6.2 强度评判标准

在对闸门结构进行强度校核时,应首先确定材料的容许应力,而容许应力与钢材的厚度直接相关;闸门各构件材料的厚度不等,其容许应力亦不相同。根据《水利水电工程钢闸门设计规范》(SL 74—2013),护镜门主横梁、纵梁、小横梁、面板等构件所用钢材的厚度均不大于 16.00 mm,其容许应力为 $[\sigma] = 160$ MPa,$[\tau] = 95$ MPa;吊耳梁、支铰加劲板等构件所用钢材的厚度均大于 16 mm,其容许应力为 $[\sigma] = 150$ MPa,$[\tau] = 90$ MPa。对于大、中型工程的工作闸门及重要的事故闸门,容许应力应乘以 0.90～0.95 的调整系数。此外,《水利水电工程金属结构报废标准》(SL 226—1998)规定,对在役闸门进行结构强度复核计算时,材料的容许应力应按使用年限进行修正,容许应力应乘以 0.90～0.95 的使用年限修正系数。

根据以上规定,取容许应力的修正系数 $k=0.90×0.95=0.855$。修正后的闸门各主要构件材料的容许应力见表 6-2。

表 6-2　闸门各主要构件材料的容许应力　　单位:MPa

应力种类	支铰加劲板		其余各构件	
	调整前	调整后	调整前	调整后
抗拉、抗压和抗弯[σ]	150.0	128.3	160.0	136.8
抗剪[τ]	90.0	77.0	95.0	81.2

由于受力状况不同,闸门各构件的强度评判标准亦不相同。

(1)复合截面应力。对于闸门承重构件和连接件,应校核正应力 σ 和剪应力 τ:

$$\sigma\leqslant[\sigma],\tau\leqslant[\tau] \tag{6-1}$$

式中　[σ]、[τ]——调整后的容许应力。

(2)组合梁折算应力。对于组合梁中同时受较大正应力和剪应力作用处,除校核正应力和剪应力外,还应校核折算应力 σ_{zh},校核公式为:

$$\sigma_{zh}\leqslant1.1[\sigma],1.1[\sigma]=1.1×136.8=150.5(MPa) \tag{6-2}$$

(3)面板折算应力。对于面板而言,考虑到面板本身在局部弯曲的同时,还随主(次)梁受整体弯曲的作用,故应对面板的折算应力 σ_{zh} 进行校核,校核公式为:

$$\sigma_{zh}\leqslant1.1\alpha[\sigma],1.1\alpha[\sigma]=1.1×1.4×136.8=210.7(MPa) \tag{6-3}$$

式中　α——弹塑性调整系数,α 取 1.4。

6.3 主要构件应力结果与分析

6.3.1 面板

上游面板主应力云图和应力强度见图 6-3～图 6-5，下游面板主应力云图见图 6-6～图 6-8。根据应力云图可得如下结论。

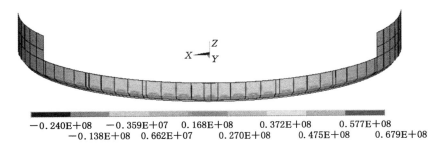

$$-0.240\text{E}+08 \quad -0.359\text{E}+07 \quad 0.168\text{E}+08 \quad 0.372\text{E}+08 \quad 0.577\text{E}+08$$
$$-0.138\text{E}+08 \quad 0.662\text{E}+07 \quad 0.270\text{E}+08 \quad 0.475\text{E}+08 \quad 0.679\text{E}+08$$

图 6-3　上游面板第一主应力云图（主拉应力）（单位：Pa）

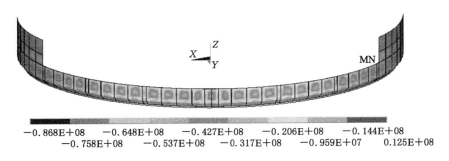

$$-0.868\text{E}+08 \quad -0.648\text{E}+08 \quad -0.427\text{E}+08 \quad -0.206\text{E}+08 \quad -0.144\text{E}+08$$
$$-0.758\text{E}+08 \quad -0.537\text{E}+08 \quad -0.317\text{E}+08 \quad -0.959\text{E}+07 \quad 0.125\text{E}+08$$

图 6-4　上游面板第三主应力云图（主压应力）（单位：Pa）

上游面板最大主拉应力为 67.9 MPa，出现在面板与边梁结合区域；最大主压应力为 86.8 MPa，出现在面板与纵梁结合区域；最大剪应力为 43.2 MPa，出现在面板与纵梁结合区域；最大折算应力为 78.0 MPa，出现在面板与纵梁结合区域。面板最大正应力小于容许值 136.8 MPa，最大剪应力

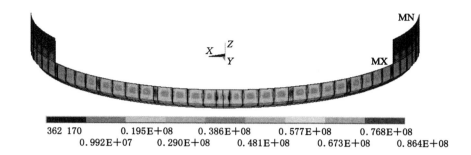

图 6-5　上游面板应力强度云图(第一主应力-第三主应力)(单位:Pa)

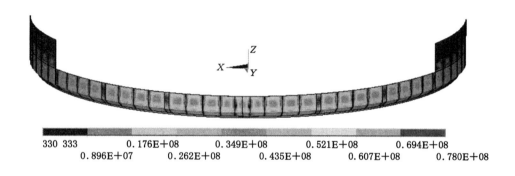

图 6-6　上游面板折算应力云图(单位:Pa)

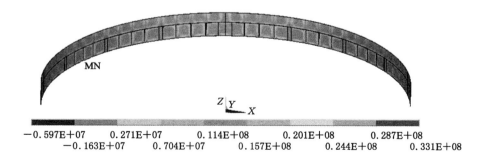

图 6-7　下游面板第一主应力云图(主拉应力)(单位:Pa)

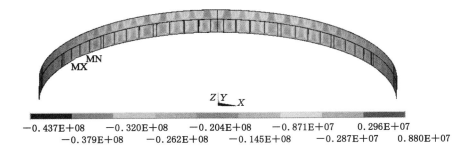

−0.437E+08   −0.320E+08   −0.204E+08   −0.871E+07   0.296E+07
　　−0.379E+08   −0.262E+08   −0.145E+08   −0.287E+07   0.880E+07

图 6-8　下游面板第三主应力云图（主压应力）（单位：Pa）

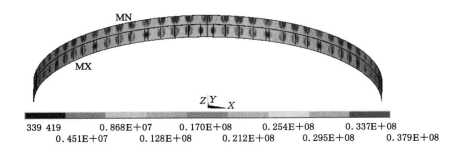

339 419   0.868E+07   0.170E+08   0.254E+08   0.337E+08
0.451E+07   0.128E+08   0.212E+08   0.295E+08   0.379E+08

图 6-9　下游面板应力强度云图（第一主应力-第三主应力）（单位：Pa）

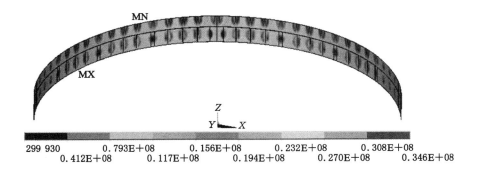

299 930   0.793E+08   0.156E+08   0.232E+08   0.308E+08
0.412E+08   0.117E+08   0.194E+08   0.270E+08   0.346E+08

图 6-10　下游面板折算应力云图（单位：Pa）

小于容许值 81.2 MPa，最大折算应力小于容许值 210.7 MPa。

下游面板最大主拉应力为 33.1 MPa，出现在面板与纵梁结合区域；最大主压应力为 43.7 MPa，出现在面板与纵梁结合区域；最大剪应力为 18.95 MPa，出现在面板与纵梁结合区域；最大折算应力为 34.6 MPa，出现在面板与纵梁结合区域。面板最大正应力小于容许值 136.8 MPa，最大剪应力小于容许值 81.2 MPa，最大折算应力小于容许值 210.7 MPa。

6.3.2 主横梁

主横梁最大应力值见表 6-3。表 6-3 中 σ_1 为主横梁第一主应力，σ_3 为主横梁第三主应力，τ 为主横梁最大剪应力，σ_{zh} 为主横梁最大折算应力。主横梁应力云图见图 6-11～图 6-22。

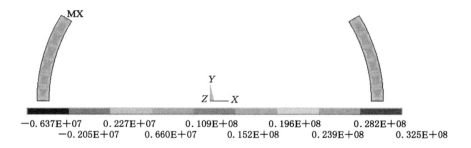

图 6-11　上主横梁第一主应力云图（主拉应力）（单位：Pa）

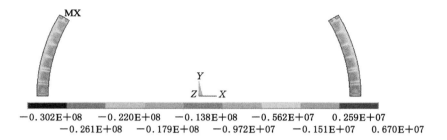

图 6-12　上主横梁第三主应力云图（主压应力）（单位：Pa）

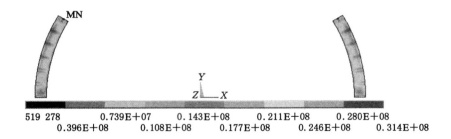

图 6-13　上主横梁应力强度云图（第一主应力-第三主应力）（单位：Pa）

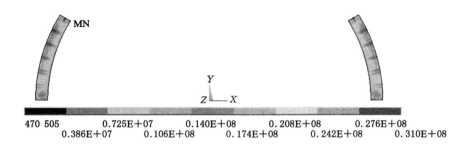

图 6-14　上主横梁折算应力云图（单位：Pa）

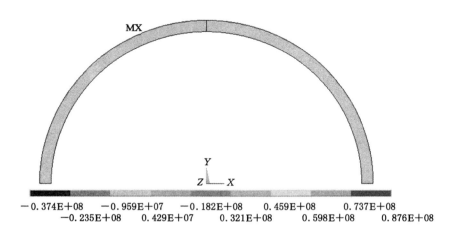

图 6-15　中主横梁第一主应力云图（主拉应力）（单位：Pa）

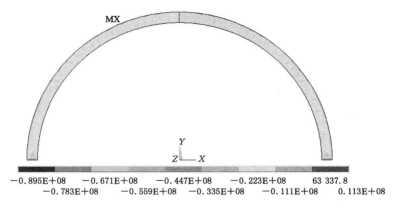

图 6-16　中主横梁第三主应力云图（主压应力）（单位：Pa）

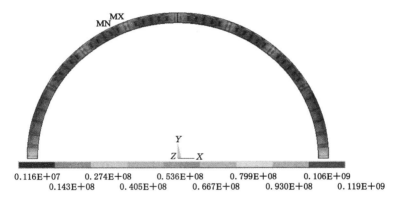

图 6-17　中主横梁应力强度云图（第一主应力-第三主应力）（单位：Pa）

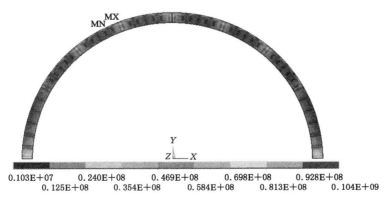

图 6-18　中主横梁折算应力云图（单位：Pa）

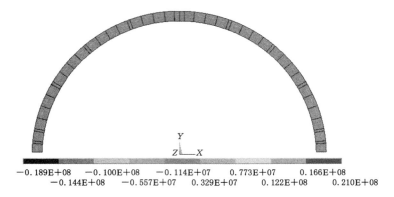

图 6-19　下主横梁第一主应力云图（主拉应力）（单位：Pa）

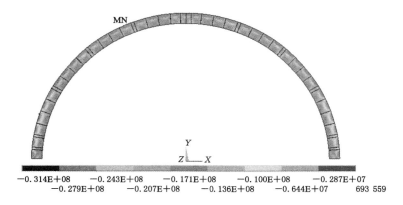

图 6-20　下主横梁第三主应力云图（主压应力）（单位：Pa）

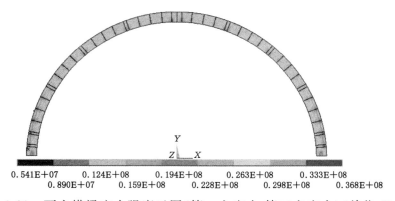

图 6-21　下主横梁应力强度云图（第一主应力-第三主应力）（单位：Pa）

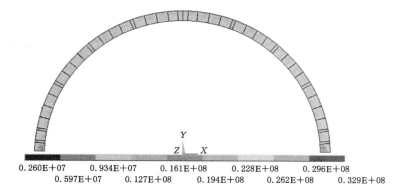

0.260E+07	0.934E+07	0.161E+08	0.228E+08	0.296E+08
0.597E+07	0.127E+08	0.194E+08	0.262E+08	0.329E+08

图 6-22　下主横梁折算应力云图(单位:Pa)

表 6-3　主横梁最大应力值　　　　　　　　　　单位:MPa

部位	第一主应力 σ_1	第三主应力 σ_3	最大剪应力 τ	最大折算应力 σ_{zh}
上主横梁	32.5	−30.2	15.7	31.0
中主横梁	87.6	−89.5	59.5	109.0
下主横梁	21.0	−31.4	18.4	32.9

根据表 6-3 和图 6-11～图 6-12 可得如下结论。

(1)上、中、下主横梁最大主拉应力分别为 32.5 MPa、87.6 MPa 和 21.0 MPa,均出现在主横梁与纵梁、面板连接区域,均小于相应的容许应力 136.8 MPa。

(2)上、中、下主横梁最大主压应力分别为 30.2 MPa、89.5 MPa 和 31.4 MPa,均出现在主横梁与纵梁、面板连接区域,均小于相应的容许应力 136.8 MPa。

(3)上、中、下主横梁最大剪应力分别为 15.7 MPa、59.5 MPa 和 18.4 MPa,均出现在主横梁与纵梁、面板连接区域,均小于相应的容许应力 81.2 MPa。

(4)上、中、下主横梁最大折算应力分别为 31.0 MPa、109.0 MPa 和

32.9 MPa,均出现在主横梁与纵梁、面板连接区域,均小于相应的容许应力150.5 MPa。

6.3.3 纵梁(含方立柱)

闸门纵梁(含方立柱与边梁)应力云图见图 6-23～图 6-26。

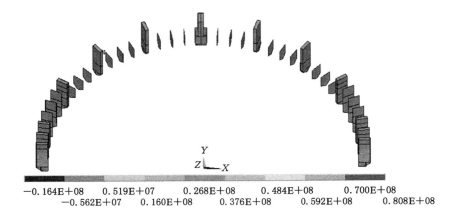

图 6-23 纵梁第一主应力云图(主拉应力)(单位:Pa)

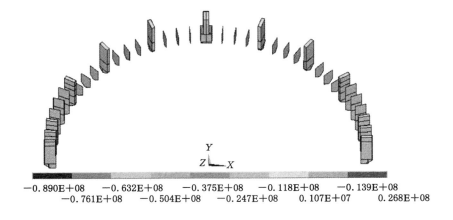

图 6-24 纵梁第三主应力云图(主压应力)(单位:Pa)

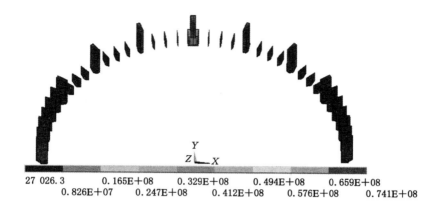

图 6-25　纵梁(含立方柱与边梁)应力强度云图①(单位:Pa)

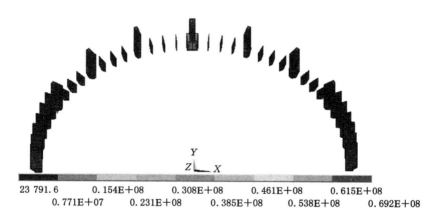

图 6-26　纵梁(含立方柱与边梁)折算应力云图(单位:Pa)

根据图 6-23～图 6-26 可得如下结论。

(1)纵梁(含立方柱与边梁)最大主拉应力为 80.8 MPa,出现在纵梁与主横梁、面板连接区域,小于相应的容许应力 136.8 MPa。

(2)纵梁(含立方柱与边梁)最大主压应力为 89.0 MPa,出现在纵梁与主横梁、面板连接区域,小于相应的容许应力 136.8 MPa。

---

① 此图中应力强度为第一主应力－第三主应力。下同。

（3）纵梁（含立方柱与边梁）最大剪应力为 37.1 MPa，出现在纵梁与主横梁、面板连接区域，小于相应的容许应力 81.2 MPa。

（4）纵梁（含立方柱与边梁）最大折算应力为 69.2 MPa，出现在纵梁与主横梁、面板连接区域，小于相应的容许应力 150.5 MPa。

6.3.4 小横梁

小横梁位于上主横梁之上，小横梁应力云图见图 6-27～图 6-30。

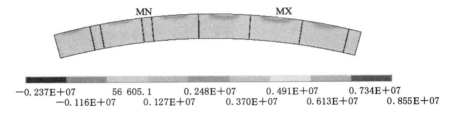

图 6-27 小横梁第一主应力云图（主拉应力）（单位：Pa）

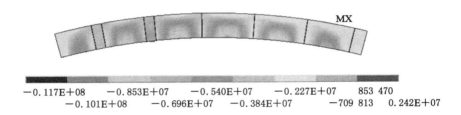

图 6-28 小横梁第三主应力云图（主压应力）（单位：Pa）

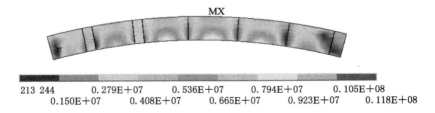

图 6-29 小横梁应力强度云图（单位：Pa）

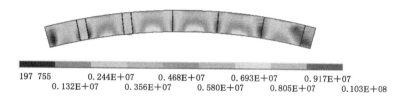

197 755　　　　0.244E+07　　　0.468E+07　　　0.693E+07　　　0.917E+07
　　　0.132E+07　　　0.356E+07　　　0.580E+07　　　0.805E+07　　　0.103E+08

图 6-30　小横梁折算应力云图（单位：Pa）

根据图 6-27～图 6-30 可得如下结论。

（1）小横梁最大主拉应力为 8.6 MPa，出现在小横梁与纵梁、面板连接区域，小于相应的容许应力 136.8 MPa。

（2）小横梁最大主压应力为 11.7 MPa，出现在小横梁与纵梁、面板连接区域，小于相应的容许应力 136.8 MPa。

（3）小横梁最大剪应力为 5.9 MPa，出现在小横梁与纵梁、面板连接区域，小于相应的容许应力 81.2 MPa。

（4）小横梁最大折算应力为 10.3 MPa，出现在小横梁与边梁连接区域，小于相应的容许应力 150.5 MPa。

6.3.5　支铰加劲板

支铰加劲板的应力云图见图 6-31～图 6-34。

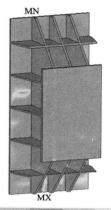

/EXPANDED
S1　　　（AVG）
DMX＝0.300E−03
SMN＝−0.215E+08
SMX＝0.215E+08

−0.215E+08　　−0.119E+08　　−0.240E+07　　−0.714E+07　　　0.167E+08
　　　−0.167E+08　　−0.718E+07　　0.237E+07　　　0.119E+08　　　0.215E+08

图 6-31　支铰加劲板第一主应力云图（主拉应力）（单位：Pa）

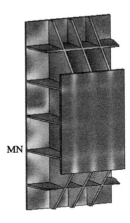

/EXPANDED
S3   (AVG)
DMX=0.300E-03
SMN=-0.871E+08
SMX=0.358E+07

MN

−0.871E+08   −0.669E+08   −0.468E+08   −0.266E+08   −0.649E+07
    −0.770E+08   −0.568E+08   −0.367E+08   −0.166E+08   0.358E+07

图 6-32   支铰加劲板第三主应力云图(主压应力)(单位:Pa)

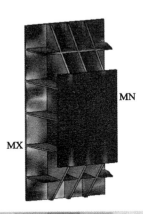

/EXPANDED
SINT   (AVG)
DMX=0.300E-03
SMN=23 852.4
SMX=0.859E+08

MN

MX

23 852.4   0.191E+08   0.382E+08   0.573E+08   0.764E+08
    0.957E+08   0.287E+08   0.477E+08   0.668E+08   0.859E+08

图 6-33   支铰加劲板应力强度云图(单位:Pa)

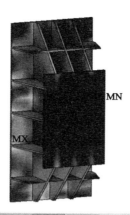

/EXPANDED
SEQV　(AVG)
DMX＝0.300E－03
SMN＝22 067
SMX＝0.830E＋08

MN

MX

22 067　　0.185E＋08　　0.369E＋08　　0.554E＋08　　0.738E＋08
　0.925E＋08　　0.277E＋08　　0.461E＋08　　0.646E＋08　　0.830E＋08

图 6-34　支铰加劲板折算应力云图(单位:Pa)

根据图 6-31～图 6-34 可得如下结论。

(1)支铰加劲板最大主拉应力为 21.5 MPa,出现在加劲板底部,小于相应的容许应力 128.3 MPa。

(2)支铰加劲板最大主压应力为 87.1 MPa,出现在加劲板与上游面板连接区域,小于相应的容许应力 128.3 MPa。

(3)支铰加劲板最大剪应力为 42.95 MPa,出现在加劲板与上游面板连接区域,小于相应的容许应力 77.0 MPa。

(4)支铰加劲板最大折算应力为 83.0 MPa,出现在加劲板与上游面板连接区域,小于相应的容许应力:128.3×1.1＝141.1(MPa)。

6.3.6　活动小门及立柱

活动小门及立柱的应力云图见图 6-35～图 6-38。

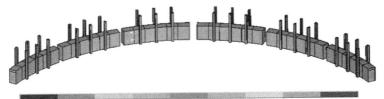

-0.222E+08   -0.919E+07   0.383E+07   0.169E+08   0.299E+08
    -0.157E+08   -0.268E+07   0.103E+08   0.234E+08   0.364E+08

图 6-35   活动小门第一主应力云图(主拉应力)(单位:Pa)

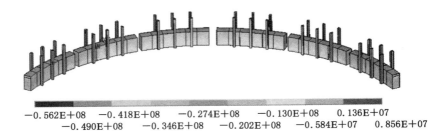

-0.562E+08   -0.418E+08   -0.274E+08   -0.130E+08   0.136E+07
    -0.490E+08   -0.346E+08   -0.202E+08   -0.584E+07   0.856E+07

图 6-36   活动小门第三主应力云图(主压应力)(单位:Pa)

36 924.6   0.126E+08   0.251E+08   0.377E+08   0.502E+08
    0.631E+07   0.189E+08   0.314E+08   0.439E+08   0.565E+08

图 6-37   活动小门应力强度云图(单位:Pa)

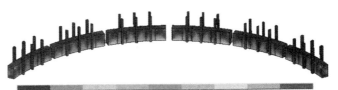

32 209.5   0.111E+08   0.221E+08   0.332E+08   0.442E+08
    0.556E+07   0.166E+08   0.277E+08   0.387E+08   0.498E+08

图 6-38   活动小门折算应力云图(单位:Pa)

根据图 6-35～图 6-38 可得如下结论。

（1）活动小门最大主拉应力为 36.4 MPa，出现在小门上游面底部，小于相应的容许应力 136.8 MPa。

（2）活动小门最大主压应力为 56.2 MPa，出现在加劲板与上游面板连接区域，小于相应的容许应力 136.8 MPa。

（3）活动小门最大剪应力为 28.3 MPa，出现在加劲板与上游面板连接区域，小于相应的容许应力 81.2 MPa。

（4）活动小门最大折算应力为 49.8 MPa，出现在加劲板与上游面板连接区域，小于相应的容许应力 150.5 MPa。

6.3.7　主横梁挠度

闸门上、中、下主横梁最大挠度计算结果见表 6-4。

表 6-4　闸门主横梁最大挠度计算结果　　　　单位:mm

主横梁	上主横梁	中主横梁	下主横梁
最大挠度值	1.0	2.6	2.7

闸门总体变形图见图 6-39 和图 6-40（放大系数为 100）。

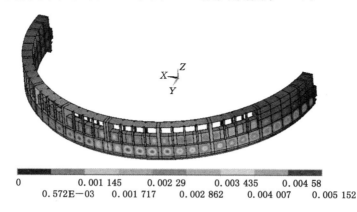

0	0.001 145	0.002 29	0.003 435	0.004 58
0.572E−03	0.001 717	0.002 862	0.004 007	0.005 152

图 6-39　从上游侧看闸门总体变形（单位:m）

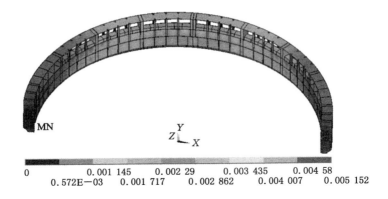

图 6-40　从下游侧看闸门总体变形(单位:m)

　　根据《水利水电工程钢闸门设计规范》(SL 74—2013)规定,表孔工作闸门主横梁的最大挠度与计算跨度的比值不应超过 1/600。护镜门主横梁跨度为 44 000.00 mm,其容许出现的最大挠度值为 73.30 mm。

　　根据表 6-4 中数据可知:闸门上、中、下主横梁的最大挠度值分别为 1.00 mm、2.60 mm 和 2.70 mm,远远小于主横梁挠度的容许值(73.30 mm)。

6.4　小结

　　三汊河河口闸工作闸门为空间薄壁结构体系的三铰拱式护镜门,由一系列板、壳、梁等构件组合而成。为考虑各构件的几何性质、变形特征和受力方式以及相互作用关系,采用有限单元法模拟了在最大水头差工况下闸门的整体作用以及各构件的实际工作状态,主要结论如下:在最大水头差工况下,三汊河河口闸护镜门面板、主横梁、纵梁、小横梁、支铰加劲板等主要构件的主拉应力、主压应力、剪应力及折算应力均小于相应容许值,强度满足规范与安全运行要求,主横梁刚度满足规范要求,活动小门强度满足规范要求。

7 结论与建议

7.1 结论

本书围绕河口闸安全运行的关键问题,在广泛收集河口闸建设、运行调度资料基础上,结合运行监测资料整编分析,研究了河口闸运行过程中存在的水动力学特性以及影响结构安全的主要问题,分别构建了河口闸工程大范围水深平均水动力计算模型、局部三维水动力计算模型以及水闸结构计算的三维有限元数值模型,开展了河口闸水动力特性计算模拟、正常运行结构仿真模拟、单孔泄流结构仿真模拟以及钢闸门结构应力仿真分析,取得了一些重要成果,为河口闸安全性评价及制定合理的调度运行方式提供了科学的依据。本书主要研究成果及结论如下。

7.1.1 运行监测资料分析

根据三汊河河口闸建闸迄今观测(监测)资料整编成果,观测资料分析主要结论如下。

(1)垂直位移在设计允许范围内,并趋于稳定。

(2)水平位移在安全范围内。

(3)建闸迄今,闸上游河床累计冲刷 1 680 m³,下游累计淤积 3 973 m³,

冲淤情况正常,符合客观实际。

（4）底板扬压力变化过程与内河水位或长江潮位变化基本一致,自 2015 年以后有所增大,目前基本稳定,应保持关注。

（5）地基反力已基本稳定,变化过程线与长江水位变化有一定的关联,呈小幅波动,各测点土压力测值有由分散向集中变化的趋势。这反映了闸底板基底土体正在固结,土压力趋于一致稳定。

（6）灌注桩桩顶压力总体变化平缓,各测点测值缓慢抬升,目前已基本处于压应力状态,最大值在 2017 年以后基本稳定,这反映了闸底板基础趋于稳定。

（7）无应力应变从变化趋势来看,变化过程较为平缓,绝对值正逐步减小,变化规律历年保持基本一致,无异常变化。

（8）底板钢筋应力钢筋应力变化规律历年保持基本一致,无异常变化,弯矩与应力分布符合一般规律,最大应力小于钢筋的容许应力,钢筋应力变化在结构可承受范围内,对结构安全不会造成影响,闸底板钢筋应力变化目前趋于稳定。

（9）依据 2014 年以前的不均匀沉降数据,并结合闸底板垂直位移观测资料分析来看,闸底板不均匀沉降很小,变化稳定。

（10）闸底板、墩墙间缝宽变化幅度不大,不会对水闸主体结构安全产生不利影响。

根据监测成果综合分析,三汊河河口闸总体处于安全、稳定的运行状态。

7.1.2　河道冲淤水动力数值仿真分析

构建了河口闸大范围水深平均模型及河口闸局部三维模型,对河口闸单侧闸孔开启模式进行了水动力数值模拟,分析了各种工况下的流速分布特征,并将计算的河床流速与河道泥沙起动速度进行比较,对河道冲淤进行了初步分析,得到的主要结论如下。

（1）单侧闸孔开启对流速分布的影响主要出现在闸上 100.00 m 断面至

闸下 150.00 m 断面,在闸轴线断面处流速差异达到最大时,越向下游河口处流速分布差异越小。

（2）单侧闸孔开启运行模式下的河床冲淤情况分析:当上游来流量为 60 m³/s、河口水位为 3.50 m 时,闸上游 250.00 m 断面至闸轴线处河道流速大于泥沙起动流速,会发生冲刷;闸下游河道流速小于泥沙起动流速,不会发生冲刷。

（3）当上游来流量为 60.00 m³/s、河口水位为 4.50 m 时,仅开左闸孔工况下,闸墩附近和闸上 200.00 m 断面流速大于泥沙起动流速,会发生冲刷;其余河道位置流速小于泥沙起动流速,不会发生冲刷。仅开右闸孔工况下,闸上 200.00 m 断面流速大于泥沙起动流速,会发生冲刷;其余河道位置流速小于泥沙起动流速,不会发生冲刷。

（4）相比于仅开右闸孔的工况,仅开左闸孔时河道冲刷范围更大,且闸墩附近的流速也更大。对于闸轴线到河口处（闸下 150.00 m）范围,仅开左闸孔或仅开右闸孔都不会发生河道冲刷现象。

（5）仅开右闸孔时,河口闸下游水流向右岸的偏流效应会增强。

7.1.3　正常运行闸室整体结构静动力仿真分析

依据三汊河河口闸设计水位组合工况,综合考虑闸室水平荷载和竖向荷载在群桩基础及闸基土体之间的分配情况,开展了设计、校核以及地震工况下的闸室强度与稳定性模拟分析,主要结论如下。

（1）灌注桩桩顶最大水平位移为 9.00 mm,满足《建筑桩基技术规范》（JGJ 94—2018）要求。灌注桩桩顶 Z 方向最大沉降 7.40 mm,满足《水闸设计规范》（SL 265—2016）对闸基沉降变形的要求。桩基轴力最大值为 2 316 kN,小于单桩设计承载力（2 700 kN）,桩身竖向承载力满足规范要求。

（2）闸底板最大沉降量为 10.10 mm,最大不均匀沉降量为 5.3 mm。闸室沉降变形满足《水闸设计规范》（SL265—2016）要求,闸室整体抗滑稳定安全系数满足规范要求。

（3）闸底板最大拉应力为 0.60 MPa,最大压应力为 1.12 MPa,均小于

C30 混凝土的设计强度。闸底板结构强度满足规范要求。

（4）中闸墩最大拉应力为 1.40 MPa，最大压应力为 4.37 MPa；边闸墩最大拉应力为 1.34 MPa，最大压应力为 4.01 MPa。闸墩应力均小于 C40 混凝土设计强度，闸墩结构强度满足规范要求。

（5）启闭机排架最大拉应力为 0.80 MPa，最大压应力为 1.54 MPa，均小于 C40 混凝土设计强度。启闭机排架结构强度满足规范要求。

7.1.4　单孔泄流闸室结构应力位移仿真分析

依据三汊河河口闸管理处拟定的单孔开启运行工况，构建了综合考虑工程安全评价关键因素以及结构历史、现状细节特征的有限元数值仿真分析模型，开展了相应的计算与分析，主要结论如下。

（1）设定的 14 种工况下，灌注桩桩顶 Y 方向（顺河向）位移最大值为 8.76 mm；灌注桩桩顶 Z 方向最大沉降值为 3.36 mm，满足规范要求。桩截面最大正应力为 1.35 MPa，小于 C40 强度。桩基实际桩周摩阻力最大值为 1 444 kN，小于单桩设计承载力（2 700 kN）。桩身竖向承载力满足规范要求。

（2）设定的 14 种工况下，闸底板最大沉降值为 3.81 mm，最小沉降值为 1.55 mm，差异沉降 2.26 mm；闸底板 Y 方向（顺水流方向）位移的最大值为 10.38 mm；闸底板 X 方向（垂直水流方向）位移的最大值为 4.14 mm，满足规范要求。

（3）设定的 14 种工况下，闸底板最大拉应力为 0.83 MPa，最大压应力为 1.39 MPa，均小于 C30 混凝土的设计强度。闸底板结构强度满足规范要求。

（4）设定的 14 种工况下，闸墩最大拉应力为 0.63 MPa，最大压应力为 1.98 MPa，均小于 C40 混凝土设计强度。闸墩结构强度满足规范要求。

（5）设定的 14 种工况下，启闭机排架最大拉应力为 0.75 MPa，最大压应力为 2.85 MPa，均小于 C40 混凝土设计强度。启闭机排架结构强度满足规范要求。

（6）设定的 14 种工况下的位移量值没有超出历史监测数据范围，处于安全范围以内，这表明单孔开启运行是可行的。

7.1.5　钢闸门结构应力仿真分析

三汊河河口闸工作闸门为空间薄壁结构体系的护镜门，由一系列板、壳、梁等构件组合而成。为考虑各构件的几何性质、变形特征和受力方式以及相互作用关系，采用有限单元法模拟了在最大水头差工况下闸门的整体作用以及各构件的实际工作状态，主要结论如下：在最大水头差工况下，三汊河河口闸护镜门面板、主横梁、纵梁、小横梁、支铰加劲板等主要构件的主拉应力、主压应力、剪应力及折算应力均小于相应容许值，强度满足规范与安全运行要求，主横梁刚度满足规范要求，活动小门强度满足规范要求。

7.2　建议

（1）应制定详细的闸门单孔开启流程及操作规程，加强对水闸结构以及区域河道的检测与监测，确保河口闸单孔开启运行的安全性和可靠性。

（2）定期对管理范围内的河道进行检查，发现冲沟及冲坑应及时处理。

（3）必要时进行河道底泥取样，弄清河口闸区域泥沙颗粒组成，以利于更准确地预测河道的冲淤发展，并提出合理的应对措施。

（4）需要短时间开启单孔时，建议优先开启右闸孔，以减小冲刷范围。

（5）定期对闸室范围内开展水下探摸工作，确保闸门的运行安全。